职业教育规划教材·物联网系列

无线传感网技术与应用

企想学院　编著

中国铁道出版社有限公司
CHINA RAILWAY PUBLISHING HOUSE CO., LTD.

内 容 简 介

本书采用"项目引领、任务驱动"的方式,详细介绍了无线传感网的概念、无线传感网的技术应用,以及无线传感网的应用层面,包括军事、航空、防爆、救灾、环境、医疗、保健、家居、工业、商业等领域,内容深入浅出。本书对知识点进行了精心的安排,内容结构清晰,围绕无线传感网的学习目标展开讲解,最终使学生掌握无线传感网 IAR 集成开发环境的搭建、ZigBee 协议栈的安装、ZigBee 仿真器的驱动程序安装、ZigBee 开发平台的配置、CC2530 程序调试和运行。

本书适合作为高等职业学校物联网应用技术及计算机相关专业的教材,也可供培训机构的学习者使用。

图书在版编目(CIP)数据

无线传感网技术与应用/企想学院编著. —北京:
中国铁道出版社有限公司,2021.11
职业教育规划教材. 物联网系列
ISBN 978-7-113-28469-5

Ⅰ.①无… Ⅱ.①企… Ⅲ.①无线电通信-传感器-
职业教育-教材 Ⅳ.① TP212

中国版本图书馆 CIP 数据核字(2021)第 211830 号

书　　名	无线传感网技术与应用
作　　者	企想学院

策　　划	汪　敏	编辑部电话:	(010) 51873628
责任编辑	汪　敏　彭立辉		
封面设计	崔丽芳		
责任校对	孙　玫		
责任印制	樊启鹏		

出版发行	中国铁道出版社有限公司(100054,北京市西城区右安门西街8号)
网　　址	http://www.tdpress.com/51eds/
印　　刷	三河市国英印务有限公司
版　　次	2021年11月第1版　2021年11月第1次印刷
开　　本	787 mm×1 092 mm　1/16　印张:11.5　字数:243千
书　　号	ISBN 978-7-113-28469-5
定　　价	36.00元

版权所有　侵权必究

凡购买铁道版图书,如有印制质量问题,请与本社教材图书营销部联系调换。电话:(010) 63550836
打击盗版举报电话:(010) 63549461

编　委　会

（排名不分先后）

主　　任：束遵国　上海企想信息技术有限公司
副主任：连志强　山东威海职业技术学院
　　　　杨功元　新疆农业职业技术学院
委　　员：赵英杰　邯郸职业技术学院
　　　　瞿丹英　上海市济光职业技术学院
　　　　柳季东　太原第七职业中学
　　　　张文博　华亭市职业教育中心
　　　　陈纪江　临沂信息工程学校
　　　　易景然　湖北国土资源职业学院
　　　　万　曦　成都市礼仪职业高级中学
　　　　王继武　滁州市应用技术学校
　　　　吴　刚　江西九江科技中等专业学校
　　　　刘炳海　廊坊市电子信息工程学校
　　　　王　瑞　山西职业技术学院
　　　　杨选武　环县职业中等专业学校
　　　　李宪伟　山东职业学院
　　　　周建兰　武汉市第二职业教育中心
　　　　汤　平　重庆航天职业技术学院
　　　　江冶国　安徽国防科技职业学院
　　　　房　驰　江西现代职业技术学院
　　　　吴文波　上海企想信息技术有限公司
秘书长：冯阳明　上海企想信息技术有限公司

前言

无线传感网络（Wireless Sensor Networks, WSN）是一种分布式传感网络，它的末梢是可以感知和检查外部世界的传感器。WSN 中的传感器通过无线方式通信，因此网络设置灵活，设备位置可以随时更改，还可以跟互联网进行有线或无线方式的连接。WSN 是通过无线通信方式形成的一个多跳自组织网络。

WSN 综合了嵌入式系统、无线通信、微电子等技术，逐渐应用于智能楼宇与智能家居、医疗监护、工业监控等领域。除了以上应用之外，物联网无线传感器技术还应用于仓库、储罐、馆藏、河流大坝水位、水塔液位、水燃气管道监控等。

本书具有以下特点：

（1）采用项目驱动方式进行，适应师生的教学习惯。

（2）教材设立项目层层递进，有助于提升学生的学习兴趣和解决问题的能力。

（3）内容覆盖面广，基本涵盖物联网技术感知层内容，可以为后续学习打下坚实的基础。

本书由全国大量一线教育教师和行业工程师编写，体现了他们扎实的教学经验、理实结合的教学理念和先进的教学思想，同时也得到了全国工业和信息化职业教育教学指导委员会和中国铁道出版社有限公司的大力支持，在此一并表示感谢。

本书以 ZigBee 网络为主要无线技术，详细介绍了 ZigBee 协议栈组网的过程。内容概述如下：

绪论介绍了无线传感网络的历史背景和行业发展情况。

项目一讲解了无线传感网络开发平台的安装与使用步骤。

项目二介绍了协调器和终端节点的识别，讲解终端组网和协调器组网的过程。

项目三介绍了无线传感网络中按键控制的应用，讲解协调器和终端节点通过按键互相控制的内容。

项目四介绍了无线传感网络中串口通信的应用，讲解了通过串口进行网络信息的发送接收，进行设备控制。

项目五介绍了无线传感网络中温湿度传感器和风扇之间的联动过程，介绍了温湿度、串口、风扇之间的通信过程。

项目六介绍了无线传感网络中燃气和步进电动机之间的联动过程,介绍了燃气传感器、步进电动机驱动的添加,完成阈值设置与报警功能。

项目七介绍了无线传感网络中人体红外传感器、继电器设备的联动过程,介绍了人体红外传感器、继电器信号采集、驱动加载、组网通信和联动报警的功能。

本书由企想学院主编,编写者为学校一线教师及企业工程师。具体分工如下:项目一、项目二和项目三由赵英杰(邯郸职业技术学院)、柳季东(太原第七职业中学)、冯阳明(上海企想信息技术有限公司)、易景然(湖北国土资源职业学院)、万曦(成都市礼仪职业高级中学)、王继武(滁州市应用技术学校)、吴刚(江西九江科技中等专业学校)、刘炳海(廊坊市电子信息工程学校)和张华伟(上海企想信息技术有限公司)编写;项目四和项目五由张文博(华亭市职业教育中心)、陈纪江(临沂信息工程学校)、李振(上海企想信息技术有限公司)、王瑞(山西职业技术学院)、杨选武(环县职业中等专业学校)和李宪伟(山东职业学院)编写;项目六和项目七由周建兰(武汉市第二职业教育中心)、赵士玲(上海企想信息技术有限公司)、江治国(安徽国防科技职业学院)、房驰(江西现代职业技术学院)和汤平(重庆航天职业技术学院)编写。全书由企想学院院长吴文波(上海企想信息技术有限公司)策划指导并统稿。

由于时间仓促,编者水平有限,书中难免存在不当之处,恳请广大读者批评指正。

编 者

2021 年 2 月

目 录

绪论 1

项目一　无线传感网络开发平台的搭建与应用 4
任务一　无线传感网络开发平台搭建 4
任务二　无线传感网络开发平台操作应用 12

项目二　协调器与终端节点识别 20
任务一　协调器组网点亮LED灯 21
任务二　终端节点加入网络点亮LED灯 26
任务三　无线传感网络自定义事件点亮LED灯 31

项目三　无线传感网络按键控制应用 40
任务一　协调器组网按键控制应用 41
任务二　终端节点加入网络按键控制应用 50
任务三　协调器按键无线控制终端节点设备应用 62

项目四　无线传感网络串口通信应用 77
任务一　协调器组网串口通信应用 78
任务二　终端节点加入网络串口通信应用 82
任务三　协调器串口通信无线控制终端节点设备应用 89

项目五　温度采集风扇联动控制应用 99
任务一　终端节点温度采集协调器串口通信显示 100
任务二　温度采集风扇联动控制应用 108
任务三　基于按键温度采集风扇联动与手动控制应用 118

项目六　无线传感网燃气浓度采集应用 134
任务一　终端节点燃气浓度采集协调器串口通信显示 135
任务二　燃气浓度采集步进电动机控制应用 141

项目七　无线传感网络人体红外采集应用 154
任务一　终端节点人体红外采集协调器串口通信显示 155
任务二　人体红外采集继电器控制应用 162

绪　　论

无线传感器网络（WSN）是一种分布式感知网络，它的末梢是可以感知和检查外部世界的传感器。WSN 中的传感器通过无线方式通信，因此网络设置灵活，设备位置可以随时更改，还可以同互联网进行有线或无线方式的连接，通过无线通信方式形成的一个多跳自组织的网络。

无线传感器网络是由大量的静止和移动的传感器以自组织和多跳的方式构成的无线网络，以协作地感知、采集、处理和传输网络覆盖地理区域内被感知对象的信息，并最终把这些信息发送给网络所有者。

1. 应用领域

无线传感器网络所具有的众多类型的传感器，可探测包括地震、电磁、温度、湿度、噪声、光强度、压力、土壤成分、移动物体的大小、速度和方向。应用领域可以归纳为军事、航空、防爆、救灾、环境、医疗、保健、家居、工业、商业等领域。

2. 发展历程

传感器网络的发展历程分为以下 3 个阶段：传感器→无线传感器→无线传感器网络（大量微型、低成本、低功耗的传感器节点组成的多跳无线网络）。

第一阶段：最早可以追溯至第二次世界大战后使用的传统的传感器系统。当年，美军投放了 2 万多个"热带树"传感器。"热带树"实际上是由震动和声响传感器组成的系统，它由飞机投放，落地后插入泥土中，只露出伪装成树枝的无线电天线，因而被称为"热带树"。只要对方车队经过，传感器就会探测出目标产生的震动和声响信息，自动发送到指挥中心，美机立即采取行动。

第二阶段：20 世纪 80 年代至 90 年代之间。主要是美军研制的分布式传感器网络系统、海军协同交战能力系统、远程战场传感器系统等。这种现代微型化的传感器具备感知能力、计算能力和通信能力。因此在 1999 年，商业周刊将传感器网络列为 21 世纪最具影响的 21 项技术之一。

第三阶段：21世纪开始至今。此阶段的传感器网络技术特点在于网络传输自组织、节点设计低功耗。在很多领域获得了很好的应用，所以2002年美国国家重点实验室——橡树岭实验室提出了"网络就是传感器"的论断。

由于无线传感网在国际上被认为是继互联网之后的第二大网络，2003年美国《技术评论》杂志评出对人类未来生活产生深远影响的十大新兴技术，传感器网络被列为第一。

在现代意义上的无线传感网研究及其应用方面，我国与发达国家几乎同步启动，它已经成为我国信息领域位居世界前列的少数方向之一。在2006年我国发布的《国家中长期科学与技术发展规划纲要》中，为信息技术确定了3个前沿方向，其中有两项就与传感器网络直接相关，这就是智能感知和自组网技术。

3. IEEE802.15.4 标准

IEEE 802.15.4 是 ZigBee，WirelessHART，MiWi 等规范的基础，描述了低速率无线个人局域网的物理层和媒体接入控制协议，属于 IEEE 802.15 工作组。在 868/915M、2.4 GHz 的 ISM 频段上，数据传输速率最高可达 250 kbit/s。其低功耗、低成本的优点使它在很多领域获得了广泛的应用。

4. ZigBee 技术特点

（1）数据传输速率低：只有 10～250 kbit/s，专注于低传输应用。

（2）功耗低：在低耗电待机模式下，两节普通5号干电池可使用6个月以上。

（3）成本低：因为 ZigBee 数据传输速率低，协议简单，所以大大降低了成本。

（4）网络容量大：每个 ZigBee 网络最多可支持 255 个设备。

（5）有效范围小：有效覆盖范围为 10～75 m，具体依据实际发射功率的大小和各种不同的应用模式而定，基本上能够覆盖普通的家庭或办公室环境。

（6）工作频段灵活：使用的频段分别为 2.4 GHz、868 MHz（欧洲）及 915 MHz（美国），均为免执照频段。

5. ZigBee 设备类型

ZigBee 设备类型常见有两种：协调器、终端节点。

（1）ZigBee 协调器（Coordinator）：整个网络的核心，是 ZigBee 网络的第一个开始的设备，它选择一个信道和网络标识符（PANID）建立网络，并且对加入的节点进行管理和访问，对整个无线网络进行维护。在同一个 ZigBee 网络中，只允许一个协调器工作，当然它也是不可缺的设备。

（2）ZigBee 终端节点（End-Device）：完成的是整个网络的终端任务。

6. CC2530 方案

CC2530 是用于 2.4 GHz IEEE 802.15.4 ZigBee 应用的一个真正的片上系统解决方案。它能够以非常低的成本建立强大的网络节点。CC2530结合了领先的 RF 收发器的优良性能，业界标准的增强型 8051 CPU、系统内可编程闪存、8-KB RAM 和其他许多强大的功能。

CC2530有4种不同的闪存版本：CC2530F 32/64/128/256，分别具有32/64/128/256 KB的闪存。CC2530 具有不同的运行模式，使得它尤其适应超低功耗要求的系统。运行模式之间的转换时间短，进一步确保了低能源消耗。

  CC2530 结合了得州仪器的业界领先的 ZigBee 协议栈（Z-Stack），提供了一个强大和完整的 ZigBee 解决方案。

项目一

无线传感网络开发平台的搭建与应用

随着无线技术的快速发展和日趋成熟，无线通信也发展到一定阶段，其技术越来越成熟，应用越来越广泛，大量的应用方案开始采用无线技术进行数据采集和通信。无线传感网络是一种开创了新的应用领域的新兴概念和技术，广泛应用于战场监视、大规模环境监测和大区域内的目标追踪等领域，并发挥着越来越重要的作用。传感技术、传感网络已经被认定为最重要的研究之一。随着无线传感网络的发展，无线传感网络的开发也受到了人们的重视，因此有一个好的开发平台尤为重要。本章主要讲解无线传感网络开发平台的搭建与应用，可让学生了解无线传感网的开发过程。

学习目标

- 掌握 IAR 集成开发环境的搭建；
- 掌握 ZigBee 协议栈的安装步骤；
- 掌握 ZigBee 仿真器的驱动程序安装；
- 掌握 ZigBee 开发平台的配置；
- 掌握 CC2530 程序调试和运行。

任务一　无线传感网络开发平台搭建

任务描述

随着无线通信技术的发展，短距离无线通信系统具有低成本、低功耗和对等通信等技术优势。其中，ZigBee 无线传感网络是基于 IEEE802.15.4 技术标准和 ZigBee 网络协议而设计的无线数据传输网络。针对 ZigBee 无线传感网络的 Z-Stack 协议栈就是符合 ZigBee 协议规范的一个软件平台，它是 ZigBee 协议栈的一个具体实现。对于 Z-Stack 的整个开发环境，IDE 使用的是 IAR，本任务主要讲解 IAR 集成开发环境的安装。

项目 一 无线传感网络开发平台的搭建与应用

任务分析

ZigBee 无线传感网络硬件模块所使用的 CPU 是基于增强型 8051 内核的 CC2530 微控制器，它结合了领先的 RF 收发器，是用于 2.4 GHz IEEE802.15.4 的 ZigBee 应用的一个片上系统（SOC）解决方案。如果进行 CC2530 的无线传感应用开发，就先要安装 IAR Embedded Workbench 开发环境。它的 C 语言交叉编译器是一款完整、稳定且容易使用的专业嵌入式应用开发工具。IAR 开发的最大优势就是能够直接使用 TI 公司提供的 Z-Stack 协议栈进行二次开发，开发人员只需要调用相关的 API 接口函数即可。另外，IAR 根据支持的微处理器种类不同分为许多不同的版本，由于 CC2530 使用的是增强型 8051 内核，所以这里选用的版本是 IAR Embedded Workbench for 8051。无线传感网络应用开发相关的环境包括：

（1）安装集成开发环境：IAR-EW8051-8101。

（2）安装仿真器 SmartRF4EB 的驱动程序。

任务实施

1. 安装 IAR 集成开发环境

（1）双击安装包中的 EW8051-8202-Autorun.exe 文件，出现安装向导界面，单击 Install IAR Embedded Workbench 选项，如图 1-1 所示。

图 1-1　进入安装界面

（2）进入欢迎界面，单击 Next 按钮，如图 1-2 所示。

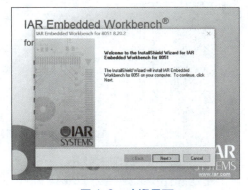

图 1-2　欢迎界面

（3）选择接受选项然后单击 Next 按钮，如图 1-3 所示。

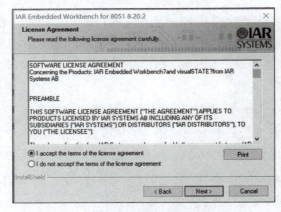

图 1-3 选择接受选项

（4）选择 Complete 选项，单击 Next 按钮，如图 1-4 所示。

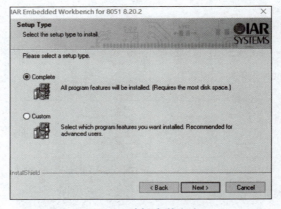

图 1-4 选择安装方式

（5）如果想改变安装路径，则单击 Change 按钮；如果不改变安装路径，则默认安装到 C 盘，如图 1-5 所示。

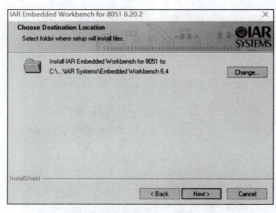

图 1-5 选择安装路径

（6）为了节约 C 盘空间，此处选择安装路径为 D:\IARforcc2530，如图 1-6 所示。

(7)单击 Next 按钮,选择程序文件夹,此处按默认设置即可,单击 Next 按钮,如图 1-7 所示。

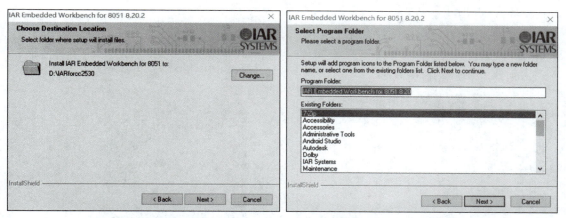

图 1-6　改变安装路径　　　　　　　　　　图 1-7　选择程序文件夹

(8)在打开的对话框中,单击 Install 按钮开始安装,如图 1-8 所示。

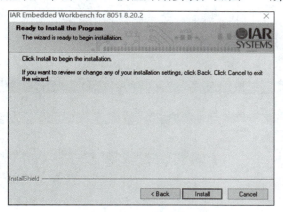

图 1-8　开始安装

(9)弹出安装 dongle 驱动的提示信息,单击"是"按钮,方便通信时抓取通信包,如图 1-9 所示。

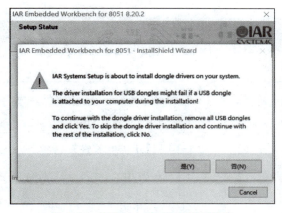

图 1-9　安装 dongle 驱动提示信息

（10）安装完成后，显示完成界面。单击 Finish 按钮，完成整个 IAR 集成开发环境的安装，如图 1-10 所示。

（11）单击 Exit 选项退出安装程序，如图 1-11 所示。

 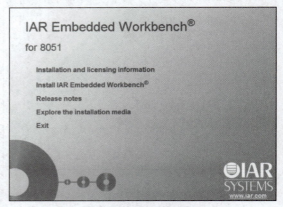

图 1-10　IAR 集成开发环境安装完成界面　　　　图 1-11　退出安装程序

（12）完成安装后，可以从"开始"菜单中找到刚安装的 IAR 软件，单击 IAR Embedded Workbench 选项，打开 IAR 运行环境，如图 1-12 所示。

（13）打开安装文件夹下的 user 文件夹，如图 1-13 所示。

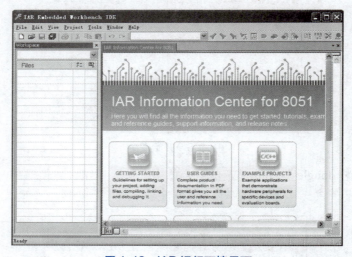

图 1-12　IAR 运行环境界面

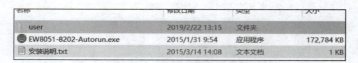

图 1-13　打开 user 文件夹

（14）全选所有文件并复制，如图 1-14 所示。

项目 无线传感网络开发平台的搭建与应用

图 1-14 复制所有文件

（15）粘贴文件到如图 1-15 所示目录下。

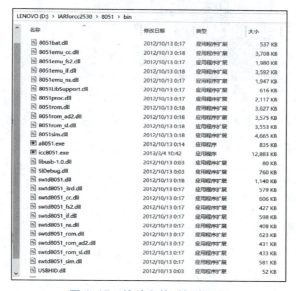

图 1-15 粘贴文件到相应目录

（16）替换目标目录中的 7 个同名文件，所有安装步骤完成，如图 1-16 所示。

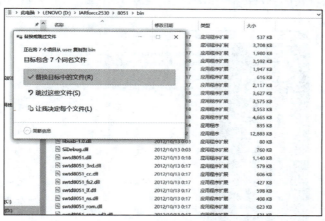

图 1-16 替换同名文件

2. 安装仿真器 SmartRF4EB 的驱动程序

ZigBee 开发板在程序的下载、仿真和调试时，需要安装一些必要的驱动程序，如仿真器的驱动程序。ZigBee CC Degguber 仿真器如图 1-17 所示，它是用于 TI 低功耗射频片上系

9

统的小型编程器和调试器,可以与前面安装的 IAR 开发平台一起使用,以实现在线调试。

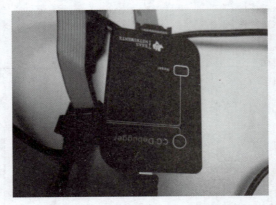

图 1-17　ZigBee CC Debugger 仿真器

(1) 找到配套资料里的软件资料,找到 CC Debugger 仿真器烧写驱动文件夹,双击该应用程序,如图 1-18 所示。

图 1-18　安装 CC Debugger 仿真器驱动程序

(2) 在打开的安装界面(见图 1-19)中一直单击 Next 按钮,直到出现 Install 按钮。

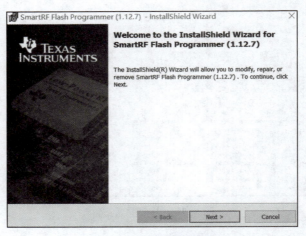

图 1-19　欢迎安装界面

(3) 单击 Install 按钮开始安装,如图 1-20 所示。

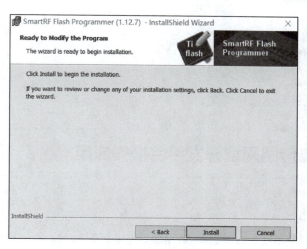

图 1-20　开始安装

(4) 单击 Finish 按钮，完成安装如图 1-21 所示。

图 1-21　安装完成界面

(5) 当 SmartRF04EB 仿真器驱动安装成功之后，在设备管理器界面中会显示正常的 SmartRF04EB 仿真器设备图标，如图 1-22 所示。

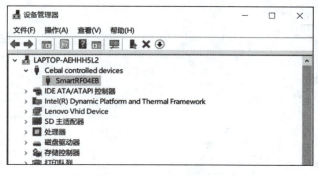

图 1-22　SmartRF04EB 安装成功

任务思考

1. ZigBee 无线传感网络硬件模块使用的 CPU 是基于增强型_____内核_____微控制器，是基于_____协议上的。

2. CC2530 的无线传感应用开发，需要_____开发环境。

任务二　无线传感网络开发平台操作应用

任务描述

在任务一中，通过安装无线传感网络通信应用的 IAR 开发平台和 ZigBee 仿真器驱动程序，实现了无线传感网络应用开发所需的软件开发平台。本任务安装 Z-Stack 的无线传感网络的具体实现协议 ZStack-CC2530-2.5.1a 软件之后，开发人员通过使用协议栈中相关的函数库来使用这个协议，进而实现无线数据的收发和传输。

任务分析

本书中所开发的无线传感应用项目均采用 TI 公司推出的 ZigBee 2007（也称 Z-Stack）协议栈进行项目开发，具体的版本为 ZStack-CC2530-2.5.1a（可以从 TI 的官网免费下载）。

（1）Z-Stack 的安装比较简单，安装在默认路径下即可（默认是安装到 C 盘根目录下），安装完成之后，可以选择 CoordinatorEB（协调器）选项，进行简单的代码编写、编译和下载运行，如图 1-23 所示。

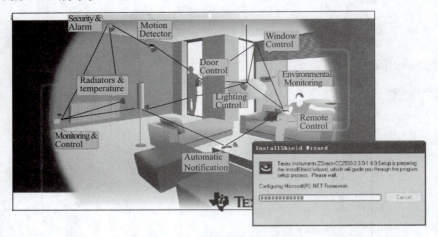

图 1-23　Z-Stack 安装界面

（2）协议栈安装完成之后的路径如图 1-24 所示。这里包含了 TI 提供的具体相关实例和说明文档。

项目 一 无线传感网络开发平台的搭建与应用

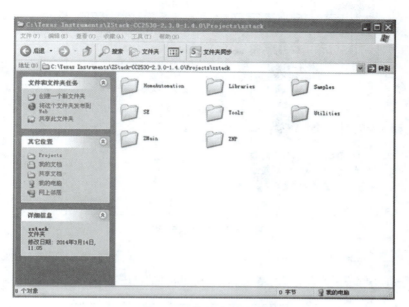

图 1-24 协议安装路径

（3）通过使用 IAR 集成开发环境可以打开 Z-stack 目录 Projects\zstack\Samples\SamplesAPP\CC2530DB 下的 SampleApp.eww 工程。由于 Zstack 协议栈本身已经经过配置，在程序编译前无须再进行 CC2530 单片机裸机开发时的设置，只需要使用 TI 默认的配置，在编译下载前选择正确的 ZigBee 设备对象即可，如图 1-25 所示。

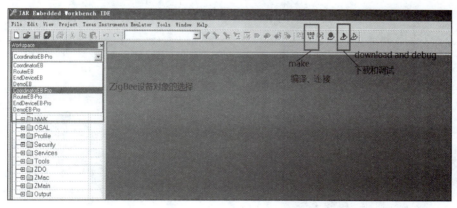

图 1-25 选择设备对象

任务实施

1. 安装 Z-Stack 协议栈

（1）双击运行 ZStack-CC2530-2.5.1a.exe 协议栈程序，出现如图 1-26 所示的安装启动界面。

图 1-26　安装启动界面

（2）选择 Z-Stack 协议栈所需的安装路径，这里选择默认的安装路径 C:\Texas Instruments\ZStack-CC2530-2.5.1a，单击 Next 按钮，如图 1-27 所示。

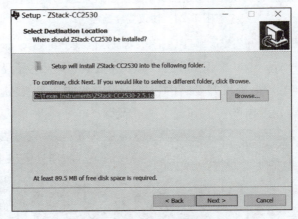

图 1-27　选择安装路径

（3）安装完成 Z-Stack 协议栈之后，显示如图 1-28 所示的安装成功信息。

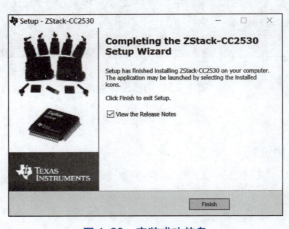

图 1-28　安装成功信息

2. 打开 Z-Stack 协议栈工程项目

（1）ZStack 协议栈安装完成之后，打开所在的安装目录 C:\Texas Instruments\ZStack-CC2530-2.5.1a\Projects\zstack\Samples，可以看到 TI 公司的 ZStack 协议栈提供 3 种应用开发项目模板，如图 1-29 所示。

图 1-29　应用开发项目模板

（2）打开 IAR 开发平台，选择 File → Open → Workspace 命令，如图 1-30 所示。

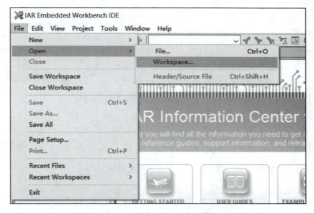

图 1-30　打开工作区

（3）这里选择 Sample 工程项目模板，找到 Z-Stack 协议栈的 C:\Texas Instruments\ZStack-CC2530-2.5.1a\Projects\zstack\Samples\SampleApp\CC2530DB 目录下的 SampleApp.eww 工程文件，如图 1-31 所示。

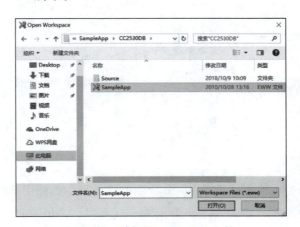

图 1-31　选择 SampleApp 文件

(4) 选择完成 Sample 工程项目中的 SampleApp.eww 工程文件之后，打开所对应的协议栈工程项目，如图 1-32 所示。

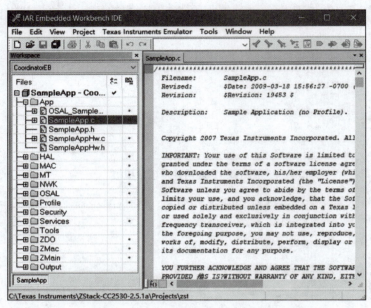

图 1-32　打开协议栈工程项目

3. 编写与编译 Z-Stack 协议栈项目代码

在 App 应用层初始化函数中，将物联网设备中的 P1.0 和 P1.1 两盏 LED 灯熄灭之后，等待 2s，再点亮，主要功能代码实现参见如下粗体字部分：

```
void SampleApp_Init( uint8 task_id )
{
    SampleApp_TaskID=task_id;
    SampleApp_NwkState=DEV_INIT;
    SampleApp_TransID=0;

    P1SEL &=~0x03;
      P1DIR |=0x03;
      P1_0=1;           //高电平熄灭
      p1_1=1;           //电平熄灭
      MicroWait(2000);
      P1_0=0;           //低电平点亮
      p1_1=0;           //低电平点亮
}
```

（这里是需要添加的）

(1) 右击 SampleApp 选项，选择 Make 命令编译项目，如图 1-33 所示。

(2) 在 IAR 集成开发环境的左下角弹出 Message 窗口，该窗口中显示源文件的错误和警告信息，如图 1-34 所示。

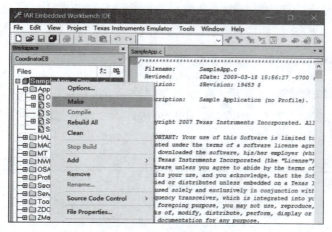

图 1-33　编译项目

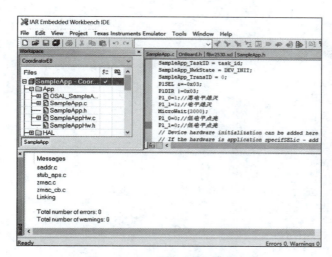

图 1-34　显示错误和警告信息

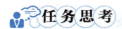

在本项目中已经安装了 IAR 开发平台，为何还需要安装 Z-Stack 协议栈？

_____
_____

拓展训练

训练描述

通过项目一的操作训练，同学们已经掌握了 IAR 集成开发环境的搭建、ZigBee 协议栈的安装步骤、ZigBee 仿真器的驱动程序安装、ZigBee 开发平台的配置、CC2530 程序调试，了解了 IAR 的协调器节点串口和终端节点的串口通信机制。协调器组建网络成功之后，将终端设备模块加入无线传感网络，协调器收到之后再以广播方式无线发送至终端节点模块，控制两盏 LED 灯的运行和停止操作。

训练要求

（1）控制两盏 LED 灯轮流显示，每盏灯之间间隔 500 ms。

（2）控制两盏 LED 灯，一盏灯每隔 100 ms 闪烁，一盏灯每隔 500 ms 闪烁。

项目报告

课程名称	无线传感网技术与应用		项目名称	无线传感网络开发平台的搭建与应用		班级	
姓名		小组成员	组长：		组员：		组员：
学号			组员：		组员：		组员：
项目报告	(报告必须包含以下几点：一、项目目的；二、项目计划；三、项目实施过程；四、项目总结；五、体会。可附页)						
				日期：		年　月　日	
				项目成员签名：			

项目 一　无线传感网络开发平台的搭建与应用

项目评价表

评价要素		分值	学生自评 30%	项目组互评 20%	教师评分 50%	各项总分	合计总分
无线传感网络开发平台搭建	成功安装 IAR 集成开发环境	15					
	成功安装仿真器 SmartRF4EB 的驱动程序	10					
无线传感网络开发平台操作应用	成功安装 Z-Stack 协议栈	15					
	Z-stack 协议栈项目代码编写与编译	10					
	项目调试成功	10					
项目总结报告		20	教师评价				
素质考核	工作操守	5					
	学习态度	5					
	合作与交流	5					
	出勤	5					

学生自评签名：

日期：

项目组互评签名：

日期：

教师签名：

日期：

补充说明：

项目二
协调器与终端节点识别

项目背景

协调器是网络组织的管理者。每个无线传感网络只允许有一个协调器,协调器首先选择一个信道和网络标识,然后开始这个网络。协调器是整个网络的开始,它具有网络的最高权限,是整个网络的维护者,还可以保持间接寻址用的表格绑定,同时还可以设计安全中心和执行其他动作,保持网络其他设备的通信。可以认为,协调器就相当于网关,是整个无线传感网络的核心,所有数据最终都返回到协调器。节点分为路由节点和终端节点,路由节点可以当终端节点来使用,还可以连接到其他的路由节点和终端节点;而终端节点就是整个网络的最后一个点,不能连接到其他节点,只能直接返回数据给协调器。在一个无线传感网络形成后,需要确定网络中拥有唯一的协调器。

本章节介绍协调器组网、终端节点加入网络以及无线传感网络自定义事件。通过网关模块加电启动运行组建无线传感网络,设置协调器角色和终端节点角色,并通过自定义事件点亮 LED 灯。

学习目标

- 能够理解 CC2530 无线通信模块的功能结构;
- 能够读懂流程图;
- 能够正确调用 osal_set_event() 函数,并触发 SAMPLEAPP_SEND_PERIODIC_MSG_EVT 系统事件产生;
- 能够正确设置 SampleApp_Init() 函数,初始化 LED 灯;
- 能够正确调用 osal_start_timerEx 定时器函数,并触发 SAMPLEAPP_SEND_PERIODIC_MSG_EVT 系统事件;
- 能够正确设置 SampleApp_ProcessEvent() 函数,点亮一盏 LED 灯;
- 能够下载程序至网关模块和终端设备模块。

项目 二 协调器与终端节点识别

任务一　协调器组网点亮 LED 灯

任务描述

本任务中首先利用物联网多功能教学演示仪的网关模块构建无线传感网络，当网关模块加电运行直到成为协调器网络状态时，触发系统事件产生，最后在系统事件处理函数中点亮一盏 LED 灯。

任务分析

物联网多功能教学演示仪的网关模块主要包括基于 CC2530 的无线通信模块和 LED 指示灯，当网关模块加电启动运行时，CC2530 的无线通信模块开始组建网络。当网络运行状态为协调器网络状态时，表示网关模块已成为协调器角色，这时将调用 osal_set_event() 函数触发 SAMPLEAPP_SEND_PERIODIC_MSG_EVT 系统事件产生，从而在 SampleApp_ProcessEvent() 系统事件处理函数中，执行 LED 灯的点亮，表示当前网关模块构建无线传感网络，并成为协调器节点，如图 2-1 所示。

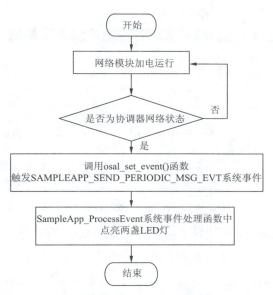

图 2-1　协调器组网点亮 LED 灯流程图

任务实施

1. 运行 Z-Stack 协议栈工程项目

（1）打开 IAR Embedded Workbench for 8051 8.10 Evaluation → IAR Embedded Workbench 开发平台，如图 2-2 所示。

（2）选择 File → Open → Workspace 命令，如图 2-3 所示。

21

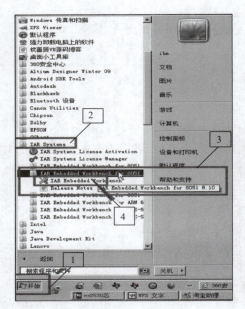

图 2-2 打开 IAR Embedded Workbench 开发平台

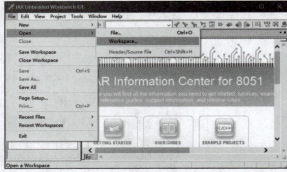

图 2-3 打开工作空间

(3) 打开协议栈目录 Samples\SampleAp\CC2530DB 中的 SampleApp.eww 工程,如图 2-4 所示。

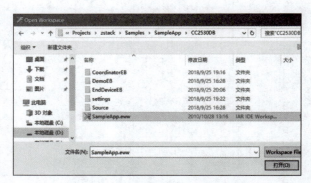

图 2-4 打开 SampleApp.eww 工程

(4) 在左面的 Workspace 下拉列表中选择 CoordinatorEB 选项之后,打开 Tools 文件夹,打开 f8wConfig.cfg 文件,这里所有代码均为协调器节点网络参数设置,如图 2-5 所示。

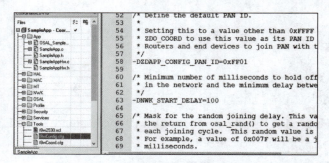

图 2-5 打开 f8wConfig.cfg 文件

(5)这里以第一组同学为例,协调器 PAN ID 编号可修改为 0XFF01,第二组为 0XFF02,依此类推,如图 2-6 所示。

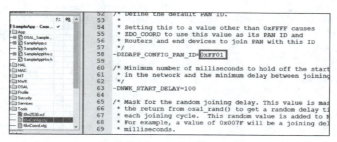

图 2-6　修改 PAN ID 编号

(6)在左面的 Workspace 下拉列表中选择 CoordinatorEB 选项,打开 SampleApp.c 文件,这里所有代码均为协调器节点服务,如图 2-7 所示。

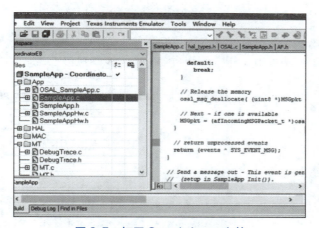

图 2-7　打开 SampleApp.c 文件

2. 编写项目功能代码

(1)在 SampleApp_Init() 函数中初始化 P1.0 和 P1.1 两盏 LED 灯,使之熄灭。主要功能代码实现参见粗体字部分:

```
void SampleApp_Init( uint8 task_id )
{
    SampleApp_TaskID=task_id;
    SampleApp_NwkState=DEV_INIT;
    SampleApp_TransID=0;

    P1SEL &=~0x03;
    P1DIR |=0x03;
    P1_0=1;          // 初始化 P1.0 灯熄灭
    P1_1=1;          // 熄灭 P1.1 灯熄灭

}
```
这里是需要添加的

(2) 调用 osal_set_event(SampleApp_TaskID,SAMPLEAPP_SEND_PERIODIC_MSG_EVT) 函数触发 SAMPLEAPP_SEND_PERIODIC_MSG_EVT 系统事件。主要功能代码参见粗体字部分：

```
uint16 SampleApp_ProcessEvent( uint8 task_id, uint16 events )
{
  afIncomingMSGPacket_t *MSGpkt;
  (void)task_id;    // 有意未引用的参数
  if( events & SYS_EVENT_MSG )
  {
    MSGpkt=(afIncomingMSGPacket_t *)osal_msg_receive( SampleApp_TaskID );
    while ( MSGpkt )
    {
      switch ( MSGpkt->hdr.event )
      {
        …
        case ZDO_STATE_CHANGE:
          SampleApp_NwkState=(devStates_t)(MSGpkt->hdr.status);
          if (SampleApp_NwkState==DEV_ZB_COORD)
          {
             osal_set_event(SampleApp_TaskID,SAMPLEAPP_SEND_PERIODIC_MSG_EVT);
          }
          break;
        default:
          break;
      }
      osal_msg_deallocate( (uint8 *)MSGpkt );
      MSGpkt=(afIncomingMSGPacket_t *)osal_msg_receive( SampleApp_TaskID );
    }
    return(events ^ SYS_EVENT_MSG);
  }
  return 0;
}
```

（这里是需要添加的）

(3) 在 SampleApp_ProcessEvent() 系统事件处理函数中，将 P1.0 引脚所对应的 LED 灯点亮。主要功能代码实现参见粗体字部分：

```
uint16 SampleApp_ProcessEvent( uint8 task_id, uint16 events )
{
  afIncomingMSGPacket_t *MSGpkt;
  (void)task_id;    // 有意未引用的参数
  …
  if (events & SAMPLEAPP_SEND_PERIODIC_MSG_EVT )
  {
    P1SEL &=~0x03
```

（这里是需要添加的）

```
    P1DIR |=0x03;
    P1_0=0;       //低电平点亮P1.0灯
    P1_1=0;       //低电平点亮P1.1灯
    // return unprocessed events
    return (events ^ SAMPLEAPP_SEND_PERIODIC_MSG_EVT);
  }
}
```
这里是需要添加的

(4) 打开 hal_board_cfg.h 头文件,将系统所设置的宏定义 LED 参数 HAL_LED 改为 FALSE,表示采用自定义 LED 功能。主要功能代码实现参见粗体字部分:

```
/* 设置为 TRUE 启用密钥用法,设置为 FALSE 禁用它 */
ifndef HAL_LED
#define HAL_LED FALSE
#endif
```
这里是需要修改的

3. 下载程序至网关模块

(1) 将模块通过仿真器连接到计算机上(见图 2-8),按下仿真器上的按钮,仿真器变成绿灯。

图 2-8 将模块连接到计算机

(2) 下载协调器模块程序:选择 CoordinatorEB,单击"编译"按钮编译工程,然后单击绿色三角按钮下载程序到模块,如图 2-9 所示。

(3) 单击"运行"按钮,观察实验现象,如图 2-10 所示。

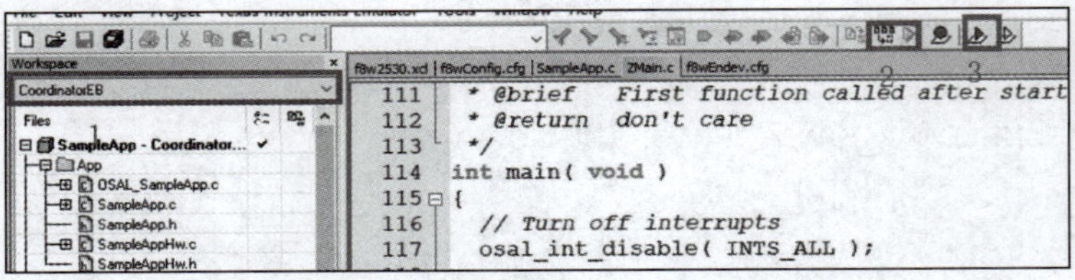

图 2-9　编译、下载程序
图 2-10　观察实验现象

任务思考

在无线传感网中设置协调器角色原理，通过设置网关模块，基于 CC2530 的无线通信模块和 LED 指示灯，当网关模块加电启动运行时，CC2530 的无线通信模块开始_____网络，当网络运行状态为_____状态时，表示网关模块已成为_____角色，这时将调用_____函数触发_____系统事件产生，从而在 SampleApp_Process Event 系统事件处理函数中，执行 LED 灯的点亮，表示当前网关模块构建_____，并成为_____节点。

任务二　终端节点加入网络点亮 LED 灯

任务描述

在任务一中，通过网关模块加电启动运行组建无线传感网络，并将网关模块网络状态变成协调器角色，从而点亮 LED 灯。本任务在协调器组建网络成功之后，将终端设备模块加入无线传感网络，当网络状态变成终端节点角色之后，点亮终端节点模块上的一盏 LED 灯，代表终端设备模块成功加入协调器组建的无线传感网络成为终端节点角色。

任务分析

物联网多功能教学演示仪的网关模块主要包括基于 CC2530 的无线通信模块和 LED 指示灯，同时终端设备模块包括相关传感器和控制机构，一方面当网关模块加电启动运行时，CC2530 的无线通信模块开始组建网络，当网络运行状态为协调器网络状态时，表示网关模块已成为协调器角色，这时将调用 osal_start_timerEx() 定时器函数触发 SAMPLEAPP_SEND_PERIODIC_MSG_EVT 系统事件产生，从而在 SampleApp_ProcessEvent() 系统事件处理函数中，点亮 LED 灯，表示当前网关模块构建无线传感网络，并成为协调器节点。另一方面，将终端设备模块起电加入无线传感网络，当网络状态变成终端节点角色之后，调用 osal_start_timerEx() 定时器函数触发 SAMPLEAPP_SEND_PERIODIC_MSG_EVT 系统事件产生，从而在 SampleApp_ProcessEvent() 系统事件处理函数中，点亮终端节点模块上的一盏 LED 灯，代表终端设备模块成功加入协调器组建的无线传感网络，如图 2-11 所示。

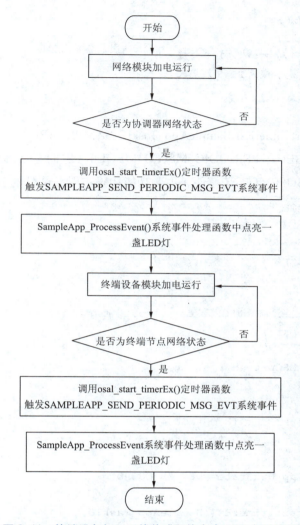

图 2-11　终端设备加入无线传感网络点亮 LED 灯流程图

任务实施

1. 运行 Z-Stack 协议栈工程项目

任务实施请参照项目二任务一的步骤。

2. 编写项目功能代码

（1）在 SampleApp_Init() 函数中初始化 P1.0 和 P1.1 两盏 LED 灯，使之熄灭。主要功能代码实现参见粗体字部分：

```
void SampleApp_Init( uint8 task_id )
{
```

```
    SampleApp_TaskID=task_id;
    SampleApp_NwkState=DEV_INIT;
    SampleApp_TransID=0;
    P1SEL &=~0x03;
    P1DIR |=0x03;
    P1_0=1;       // 初始化P1.0灯熄灭
    P1_1=1;       // 熄灭P1.1灯熄灭
    ...
}
```

（这里是需要添加的）

（2）调用 osal_start_timerEx(SampleApp_TaskID,SAMPLEAPP_SEND_PERIODIC_MSG_EVT，SAMPLEAPP_SEND_PERIODIC_MSG_TIMEOUT）定时器函数触发 SAMPLEAPP_SEND_PERIODIC_MSG_EVT 系统事件。主要功能代码实现参见粗体字部分：

```
uint16 SampleApp_ProcessEvent( uint8 task_id, uint16 events )
{
  afIncomingMSGPacket_t *MSGpkt;
  (void)task_id;   // 有意未引用的参数
  if ( events & SYS_EVENT_MSG )
  {
    MSGpkt=(afIncomingMSGPacket_t *)osal_msg_receive( SampleApp_TaskID );
    while( MSGpkt )
    {
      switch( MSGpkt->hdr.event )
      {
        ...
        case ZDO_STATE_CHANGE:
            SampleApp_NwkState=(devStates_t)(MSGpkt->hdr.status);

            if(SampleApp_NwkState==DEV_ZB_COORD)
            {
              osal_start_timerEx( SampleApp_TaskID,
                 SAMPLEAPP_SEND_PERIODIC_MSG_EVT,
                 SAMPLEAPP_SEND_PERIODIC_MSG_TIMEOUT );
            }
            if(SampleApp_NwkState==DEV_END_DEVICE)
            {
              osal_start_timerEx( SampleApp_TaskID,
                 SAMPLEAPP_SEND_PERIODIC_MSG_EVT,
                  SAMPLEAPP_SEND_PERIODIC_MSG_TIMEOUT );
            }
          break;
        default:
            break;
```

（这里是需要添加的）

```
        }
        osal_msg_deallocate( (uint8 *)MSGpkt );
        MSGpkt=(afIncomingMSGPacket_t *)osal_msg_receive( SampleApp_TaskID );
      }
      return (events ^ SYS_EVENT_MSG);
   }
   return 0;
}
```

（3）在 SampleApp_ProcessEvent() 系统事件处理函数中，将协调器引脚所对应的 P1.0、P1.1 以及终端节点的 P1.5 的 LED 灯点亮。主要功能代码实现参见粗体字部分：

```
uint16 SampleApp_ProcessEvent( uint8 task_id, uint16 events )
{
   afIncomingMSGPacket_t *MSGpkt;
   (void)task_id;   // 有意未引用的参数
   ...
   if ( events & SAMPLEAPP_SEND_PERIODIC_MSG_EVT )                  这里是需要添加的
   {
      P1SEL &=~0x03;
      P1DIR |=0x03;
      P0SEL &=~0x80;
      P0DIR |=0x80;
      P1_0=0;//低电平点亮协调器模块的LED灯
      P1_1=0;//低电平点亮协调器模块的LED灯
      P0_7=0;//点亮终端节点模块的LED灯         // 返回未处理的事件
      return (events ^ SAMPLEAPP_SEND_PERIODIC_MSG_EVT);
   }
}
```

（4）打开 hal_board_cfg.h 头文件，将系统所设置的宏定义 LED 参数 HAL_LED 改为 FALSE，表示采用自定义 LED 功能。主要功能代码实现参见粗体字部分：

```
/* 设置为TRUE启用密钥用法,设置为FALSE禁用它 */
   ifndef HAL_LED
   #define HAL_LED FALSE           这里是需要修改的
   #endif
```

3. 下载程序至网关模块和终端设备模块

（1）将模块通过仿真器连接到计算机上，按下仿真器上的按钮，仿真器变成绿灯，参见图 2-8。

（2）下载协调器模块程序：选择 CoordinatorEB 选项卡，单击"编译"按钮编译工程，然后单击绿色三角按钮下载程序到模块，如图 2-12 所示。

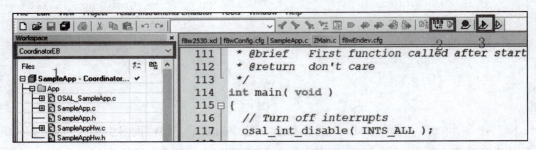

图 2-12　编译及下载协调器模块程序

（3）下载终端模块程序：选择 EndDeviceEB 选项卡，单击"编译"按钮编译工程，然后单击绿色三角按钮下载程序到模块，如图 2-13 所示。

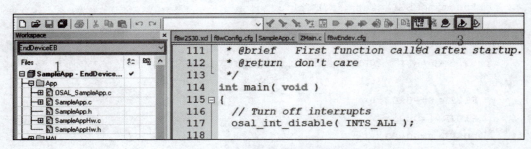

图 2-13　编译及下载终端模块程序

（4）观察实验现象，如图 2-14 所示。

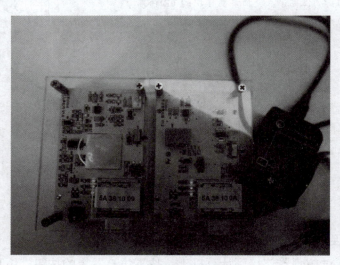

图 2-14　观察实验现象

任务思考

在无线传感网中设置终端节点角色和协调器角色,一方面,当网络运行状态为协调器网络状态时,表示网关模块已成为_____角色;另一方面将终端设备模块起电加入_____,当网络状态变成_____角色之后,调用 osal_start_timerEx() 定时器函数触发 SAMPLEAPP_SEND_PERIODIC_MSG_EVT 系统事件产生,从而在_____系统事件处理函数中,点亮终端节点模块上的一盏 LED 灯,代表_____模块成功加入_____组建的无线传感网络。

任务三　无线传感网络自定义事件点亮 LED 灯

任务描述

在任务二中,通过网关模块加电启动运行组建无线传感网络,并将网关模块网络状态变成协调器角色之后,触发系统事件点亮 LED 灯,同时终端设备模块加入协调器组建的无线传感网络成为终端节点角色之后,也触发系统事件点亮 LED 灯,但存在一个问题就是协调器和终端节点模块都是在系统事件中处理的,这样就导致不论是协调器和终端节点模块,只要有一个触发系统事件,都将执行对协调器和终端节点模块的 LED 灯控制。因此,本任务在网关模块网络状态变成协调器角色之后,采用触发系统事件,点亮两盏 LED 灯,同时终端设备模块成功加入协调器组建的无线传感网络成为终端节点角色之后,将触发自定义事件,点亮一盏 LED 灯。

任务分析

物联网多功能教学演示仪的网关模块主要包括基于 CC2530 的无线通信模块和 LED 指示灯,同时终端设备模块包括相关传感器和控制机构。一方面,当网关模块加电启动运行时,CC2530 的无线通信模块开始组建网络,当网络运行状态为协调器网络状态时,表示网关模块已成为协调器角色,这时将调用 osal_set_event() 函数触发 SAMPLEAPP_SEND_ PERIODIC _MSG_EVT 自定义事件产生,从而在 SampleApp_ProcessEvent 系统事件处理函数中,点亮 LED 灯,表示当前网关模块构建无线传感网络,并成为协调器节点。另一方面,将终端设备模块加电运行加入无线传感网络,当网络状态变成终端节点角色之后,调用 osal_set_event() 函数触发 MY_MSG_EVT 自定义事件产生,从而在 SampleApp_ProcessEvent() 系统事件处理函数中,点亮终端节点模块上的一盏 LED 灯,代表终端设备模块成功加入协调器组建的无线传感网络。图 2-15 所示为无线传感网络自定义事件点亮 LED 灯流程图。

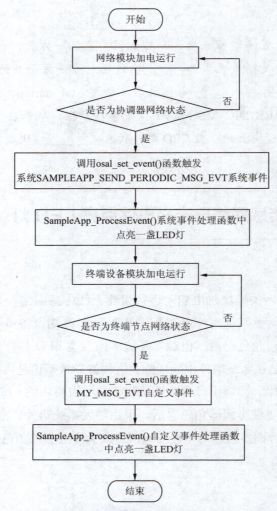

图 2-15　无线传感网络自定义事件点亮 LED 灯流程图

任务实施

1. 运行 Z-Stack 协议栈工程项目

任务实施请参照项目二任务一的步骤。

2. 编写项目功能代码

（1）打开 SampleApp.h 头文件，添加自定义事件 MY_MSG_EVT。主要功能代码实现参见粗体字部分：

```
#define SAMPLEAPP_ENDPOINT              20
#define SAMPLEAPP_PROFID                0x0F08
#define SAMPLEAPP_DEVICEID              0x0001
#define SAMPLEAPP_DEVICE_VERSION        0
#define SAMPLEAPP_FLAGS                 0
```

项目 二 协调器与终端节点识别

```
#define SAMPLEAPP_MAX_CLUSTERS              2
#define SAMPLEAPP_PERIODIC_CLUSTERID  1
#define SAMPLEAPP_FLASH_CLUSTERID     2
// 发送消息超时
#define SAMPLEAPP_SEND_PERIODIC_MSG_TIMEOUT   5000     // 每5秒
// 应用程序事件（OSAL）-这些是位加权定义
#define SAMPLEAPP_SEND_PERIODIC_MSG_EVT       0x0001
#define MY_MSG_EVT                            0x0002         这里是需要修改的

// Flash 命令组 ID
#define SAMPLEAPP_FLASH_GROUP                 0x0001
// 闪存命令持续时间-以毫秒为单位
#define SAMPLEAPP_FLASH_DURATION              1000
```

（2）在 SampleApp_Init() 函数中初始化 P1.0 和 P1.1 两盏 LED 灯，使之熄灭。主要功能代码实现参见粗体字部分：

```
void SampleApp_Init( uint8 task_id )
{
  SampleApp_TaskID=task_id;
  SampleApp_NwkState=DEV_INIT;
  SampleApp_TransID=0;
  P1SEL &=~0x03;
  P1DIR |=0x03;
  P1_0=1;          // 初始化熄灭 P1.0 灯        这里是需要添加的
  P1_1=1;          // 初始化熄灭 P1.1 灯
  ...
}
```

（3）调用 osal_set_event(SampleApp_TaskID，SAMPLEAPP_SEND_PERIODIC_MSG_EVT)；函数触发协调器 SAMPLEAPP_SEND_PERIODIC_MSG_EVT 系统事件同时在调用 osal_set_event(SDApp_TaskID,MY_MSG_EVT) 函数触发终端节点模块 MY_MSG_EVT 自定义事件。主要功能代码实现参见粗体字部分：

```
uint16 SampleApp_ProcessEvent( uint8 task_id, uint16 events )
{
  afIncomingMSGPacket_t *MSGpkt;
  (void)task_id;    // 有意未引用的参数
  if( events & SYS_EVENT_MSG )
  {
    MSGpkt=(afIncomingMSGPacket_t *)osal_msg_receive( SampleApp_TaskID );
    while ( MSGpkt )
    {
      switch ( MSGpkt->hdr.event )
```

```
            {
                ...
            case ZDO_STATE_CHANGE:
                SampleApp_NwkState=(devStates_t)(MSGpkt->hdr.status);
                if(SampleApp_NwkState==DEV_ZB_COORD)
                {
                osal_set_event(SampleApp_TaskID, SAMPLEAPP_SEND_PERIODIC_MSG_EVT);
                }
                if(SampleApp_NwkState==DEV_END_DEVICE)
                {
                osal_set_event(SampleApp_TaskID, MY_MSG_EVT);
                }
                break;
            default:
                break;
            }
            osal_msg_deallocate( (uint8 *)MSGpkt );
            MSGpkt=(afIncomingMSGPacket_t *)osal_msg_receive( SampleApp_TaskID );
        }
        return(events ^ SYS_EVENT_MSG);
    }
    return 0;
}
```

（这里是需要添加的）

（4）在 SampleApp_ProcessEvent() 系统事件处理函数中，将协调器 P1.0 和 P1.1 引脚所对应的 LED 灯点亮。主要功能代码实现参见粗体字部分：

```
uint16 SampleApp_ProcessEvent( uint8 task_id, uint16 events )
{
    afIncomingMSGPacket_t *MSGpkt;
    (void)task_id;  // 有意未引用的参数
...
    if ( events & SAMPLEAPP_SEND_PERIODIC_MSG_EVT )
    {
        P1SEL &=~0x03;
        P1DIR |=0x03;
        P_0=0;              //低电平点亮协调器 P1.0 灯
        P1_1=0;             //低电平点亮协调器 P1.1 灯
        // return unprocessed events
        return (events ^ SAMPLEAPP_SEND_PERIODIC_MSG_EVT);
    }
}
```

（这里是需要添加的）

（5）在 SampleApp_ProcessEvent 自定义事件 MY_MSG_EVT 处理函数中，将终端节点

模块的 P0.7 引脚所对应的 LED 灯点亮。主要功能代码实现参见粗体字部分：

```
uint16 SampleApp_ProcessEvent( uint8 task_id, uint16 events )
{
  afIncomingMSGPacket_t *MSGpkt;
  (void)task_id;   // 有意未引用的参数
  …
  if( events & MY_MSG_EVT )
  {
     P0SEL &=~0x80;
     P0DIR |=0x80;
     P0_7=0;           //低电平点亮终端节点 P0.7 灯
     P1_0=1;           //高电平点熄灭协调器 P1.0 灯
     P1_1=1;           //高电平点熄灭协调器 P1.1 灯
     return (events ^ MY_MSG_EVT);
  }
}
```

这里是需要添加的

（6）打开 hal_board_cfg.h 头文件，将系统所设置的宏定义 LED 参数 HAL_LED 改为 FALSE，表示采用自定义 LED 功能。主要功能代码实现参见粗体字部分：

```
/* 设置为 TRUE 启用密钥用法,设置为 FALSE 禁用它
ifndef HAL_LED
#define HAL_LED FALSE
#endif
```

这里是需要修改的

3. 下载程序至网关模块和终端设备模块

（1）将网关模块通过仿真器连接到计算机上，按下仿真器上的按钮，仿真器变成绿灯，参见图 2-8。

（2）下载协调器模块程序：选择 CoordinatorEB 选项卡，单击"编译"按钮编译工程，然后单击绿色三角按钮下载程序到模块，如图 2-16 所示。

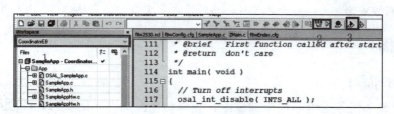

图 2-16　下载协调器模块程序

（3）下载终端模块程序：选择 EndDeviceEB 选项卡，单击"编译"按钮编译工程，然后单击绿色三角按钮下载程序到模块，如图 2-17 所示。

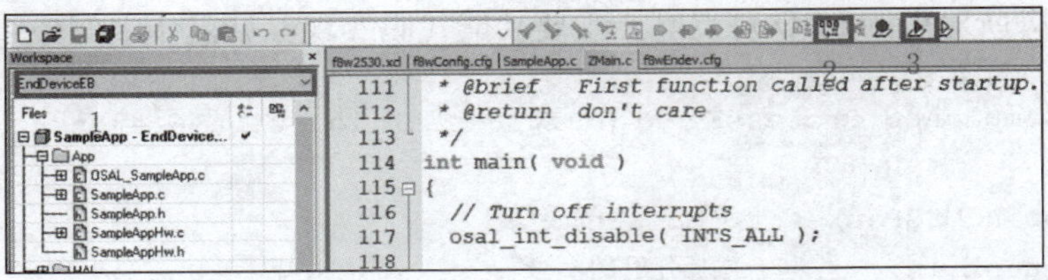

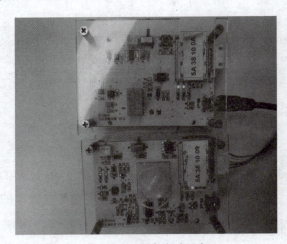

图 2-17　下载终端模块程序

(4) 观察实验现象，如图 2-18 所示。

图 2-18　观察实验现象

任务思考

基于 CC2530 的无线通信模块和 LED 指示灯，通过网关模块加电启动运行组建无线传感网络，并将网关模块网络状态变成_____角色之后，触发系统事件点亮 LED 灯。同时，终端设备模块加入协调器组建的无线传感网络成为_____角色之后，也触发系统事件点亮 LED 灯，但无法判断是协调器还是终端节点点亮 LED 灯。因此，本任务在网关模块网络状态变成_____角色之后，采用触发系统事件，点亮_____LED 灯，同时终端设备模块成功加入_____组建的无线传感网络成为_____角色之后，将触发自定义事件，点亮_____LED 灯。

拓展训练

训练描述

在本项目 3 个任务的组网操作训练中，同学们已经掌握了协调器和终端节点之间组成无线传感网络的通信机制，本任务在协调器模块网络状态变成协调器角色之后，调用 osal_set_event() 函数触发 MY_MSG_EVT 自定义事件产生，从而在 SampleApp_ProcessEvent() 系统事件处理函数中，点亮两盏 LED 灯。同时，终端设备模块成功加入协调器组建的无线传感网络成为终端节点角色之后，也将触发 YOU_MSG_EVT 自定义事件，点亮一盏 LED 灯。

项目 二　协调器与终端节点识别

 训练要求

（1）协调器模块网络状态变成协调器角色之后，调用 osal_set_event() 函数触发 MY_MSG_EVT 自定义事件产生，从而在 SampleApp_ProcessEvent 系统事件处理函数中，点亮两盏 LED 灯。

（2）终端设备模块成功加入协调器组建的无线传感网络成为终端节点角色之后，将触发 YOU_MSG_EVT 自定义事件，点亮一盏 LED 灯。

项目报告

课程名称	无线传感网技术与应用	项目名称	协调器与终端节点识别		班级	
姓名		小组成员	组长：		组员：	
学号			组员：		组员：	
项目报告	(报告必须包含以下几点：一、项目目的；二、项目计划；三、项目实施过程；四、项目总结；五、体会。可附页)					

续表

项目报告	
	日期: 年 月 日
	项目成员签名:

项目评价表

评价要素		分值	学生自评 30%	项目组互评 20%	教师评分 50%	各项总分	合计总分
协调器组网点亮 LED 灯	完成代码	10					
	协调器组网并点亮 LED 灯	10					
终端节点加入网络点亮 LED 灯	完成代码	10					
	终端节点加入网络并点亮 LED 灯	10					
无线传感网络自定义事件点亮 LED 灯	完成代码	10					
	无线传感网络自定义事件点亮 LED 灯	10					
拓展训练	完成拓展训练	10					
项目总结报告		10	教师评价				
素质考核	工作操守	5					
	学习态度	5					
	合作与交流	5					
	出勤	5					

学生自评签名：

项目组互评签名：

教师签名：

日期：

日期：

日期：

补充说明：

项目三
无线传感网络按键控制应用

项目背景

无线传感网络（Wireless Sensor Network, WSN）是当前信息领域中研究的热点之一，可用于特殊环境实现信号的采集、处理和发送。无线传感器网络是一种全新的信息获取和处理技术，在现实生活中得到了越来越广泛的应用。无线传感器网络产品可以突破传统的监测方法，在满足了灵活性、可靠性和安全性的同时，为工业环境的监测降低了成本，同时也大幅度缩减了传统监测的烦琐流程，为随机性的研究数据获取提供了便利。将无线传感器网络技术应用到智能监测中，将有助于工业生产过程中工艺的优化，同时可以提高生产线过程检测、实时参数采集、生产设备监控、材料消耗监测的能力和水平，使得生产过程的智能监控、智能控制、智能诊断、智能决策、智能维护水平不断提高。图3-1所示为无线传感网络示意图。

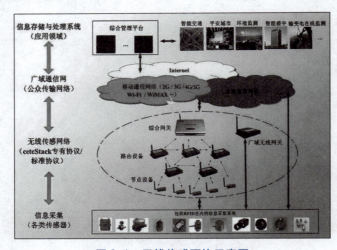

图3-1 无线传感网络示意图

学习目标

- 能正确理解传感器和协调器组网原理；
- 掌握通过按键控制LED灯；
- 掌握通过按键控制继电器；

- 掌握通过无线传感网将控制信号从协调器传递到终端节点；
- 掌握通过无线传感网将控制信号从终端节点传递到协调器；
- 掌握设置自定义事件发送字符串。

任务一　协调器组网按键控制应用

任务描述

在本任务中，首先利用物联网多功能教学演示仪的网关模块构建无线传感网络，当网关模块加电运行直到成为协调器网络状态时，单击按键触发中断，在中断处理中再触发系统事件产生，最后在系统事件处理函数中点亮一盏 LED 灯。

任务分析

物联网多功能教学演示仪的网关模块主要包括基于 CC2530 的无线通信模块、按键及 LED 指示灯。当网关模块加电启动运行时，CC2530 的无线通信模块开始组建网络，当网络运行状态为协调器网络状态时，表示网关模块已成为协调器角色，这时通过单击协调器上的按键触发外部中断产生，在按键中断处理函数中，调用 osal_set_event() 函数触发 SAMPLEAPP_SEND_PERIODIC_MSG_EVT 系统事件产生，从而在 SampleApp_Process Event() 系统事件处理函数中，点亮一盏 LED 灯。图 3-2 所示为协调器组网按键点亮 LED 灯流程图。

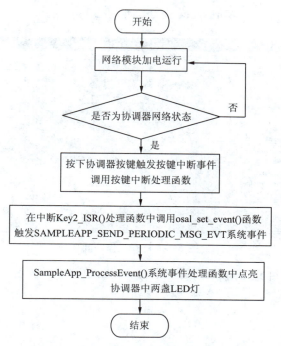

图 3-2　协调器组网按键点亮 LED 灯流程图

任务实施

1. 运行 Z-Stack 协议栈工程项目

（1）打开 IAR Embedded Workbench for 8051 8.10 Evaluation → IAR Embedded Workbench 开发平台，如图 3-3 所示。

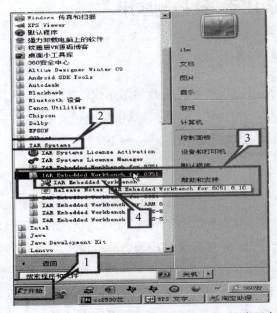

图 3-3　打开 IAR Embedded Workbench 开发平台

（2）选择 File → Open → Workspace 命令，如图 3-4 所示。

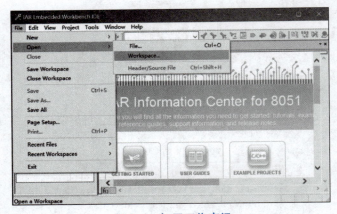

图 3-4　打开工作空间

（3）打开协议栈目录 Samples\SampleApp\CC2530DB 中的 SampleApp.eww 工程，如图 3-5 所示。

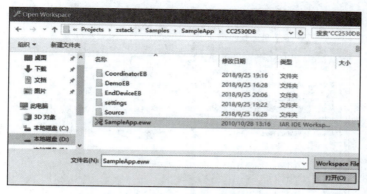

图 3-5 打开 SampleApp.eww 工程

（4）在左面的 Workspace 下拉列表中选择 CoordinatorEB 选项之后，打开 Tools 文件夹，打开 f8wConfig.cfg 文件，这里所有代码均为协调器节点网络参数设置，如图 3-6 所示。

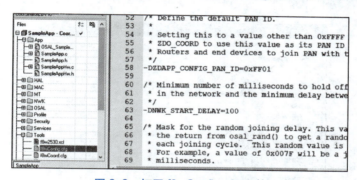

图 3-6 打开 f8wConfig.cfg 文件

（5）这里以第一组同学为例，协调器 PAN ID 编号可修改为 0XFF01，第二组为 0XFF02，依此类推，如图 3-7 所示。

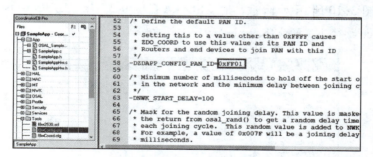

图 3-7 修改 PAN ID 编号

（6）在左面的 Workspace 下拉列表中选择 CoordinatorEB 选项，打开 SampleApp.c 文件，这里所有代码均为协调器节点服务，如图 3-8 所示。

（7）单击工具栏上的"新建文件"按钮，新增按键源文件，然后单击"保存"按钮，打开如图 3-9 所示对话框，在 ZStack-CC2530-2.5.1a _2.1\Projects\zstack\Samples\SampleApp\Source 路径下，输入 SampleKey.c 文件名。

无线传感网技术与应用

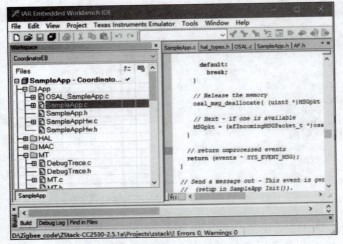

图 3-8　打开 SampleApp.c 文件

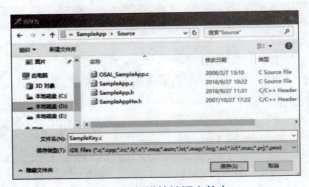

图 3-9　新增按键源文件中

（8）同理单击工具栏上的"新建文件"按钮，新增按键头文件，然后单击"保存"按钮，打开如图 3-10 所示对话框，在 ZStack-CC2530-2.5.1a _2.1\Projects\zstack\Samples\SampleApp\Source 路径下，输入 SampleKey.h 文件名。

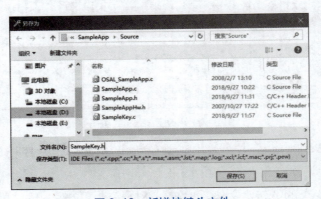

图 3-10　新增按键头文件

（9）右击工程中的 App 文件夹，选择 Add → Add Files 命令，添加温度传感器文件，如图 3-11 所示。

项目 无线传感网络按键控制应用

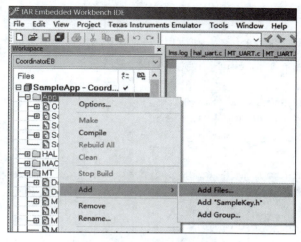

图 3-11 添加温度传感器文件

（10）在如图 3-12 所示的新增文件对话框中，选择 SampleKey.c 和 SampleKey.h 文件，单击"打开"按钮，完成按键文件添加。

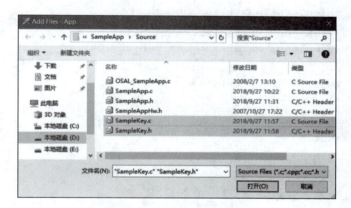

图 3-12 新增文件对话框

2. 编写项目功能代码

（1）在 SampleApp_Init() 函数中初始化 P1.0 和 P1.1 两盏 LED 灯，使之熄灭。主要功能代码实现参见粗体字部分：

```
void SampleApp_Init( uint8 task_id )
{
  SampleApp_TaskID=task_id;
  SampleApp_NwkState=DEV_INIT;
  SampleApp_TransID=0;
    P1SEL &=~0x07;
    P1DIR |=0x07;
    P1_0=1;              // 初始化熄灭 P1.0 灯
    P1_1=1;              // 初始化熄灭 P1.1 灯
    ...
```

这里是需要添加的

45

}

(2) 在网络状态确定时初始化 LED 灯状态。主要功能代码实现参见粗体字部分：

```c
uint16 SampleApp_ProcessEvent( uint8 task_id, uint16 events )
{
  afIncomingMSGPacket_t *MSGpkt;
  (void)task_id;    // 有意未引用的参数
  if ( events & SYS_EVENT_MSG )
  {
    MSGpkt=(afIncomingMSGPacket_t *)osal_msg_receive( SampleApp_TaskID );
    while ( MSGpkt )
    {
      switch ( MSGpkt->hdr.event )
      {
        ...
        case ZDO_STATE_CHANGE:
          SampleApp_NwkState=(devStates_t)(MSGpkt->hdr.status);
          if ( (SampleApp_NwkState==DEV_ZB_COORD)
            || (SampleApp_NwkState==DEV_ROUTER)
            || (SampleApp_NwkState==DEV_END_DEVICE) )
          {
            P1_2=0;         // 关闭蜂鸣器
          }
          break;
        default:
          break;
      }
      osal_msg_deallocate( (uint8 *)MSGpkt );
      MSGpkt=(afIncomingMSGPacket_t *)osal_msg_receive( SampleApp_TaskID );
    }
    return (events ^ SYS_EVENT_MSG);
  }
  return 0;
}
```

（粗体字部分注释：这里是需要添加的）

(3) 在 SampleKey.h 文件中添加按键初始化函数声明。主要功能代码实现参见粗体字部分：

```c
#ifndef SAMPLEKEY_H
#define SAMPLEKEY_H
void KeysIntCfg();
#endif
```

（注释：这里是需要添加的）

(4) 在 SampleKey.c 文件中主要完成按键初始化函数和 P0.1 按键按下中断处理函数实现，并在 Key2_ISR() 中断处理函数中调用 osal_start_timerEx(SampleApp_TaskID,SAMPLEAPP_

SEND_PERIODIC_MSG_EVT,25) 函数，触发 SAMPLEAPP_SEND_PERIODIC_MSG_EVT 系统事件产生。主要功能代码实现参见粗体字部分：

```c
#include<iocc2530.h>
#include "SampleApp.h"
#include "OSAL_Timers.h"
#include "OSAL.h"
#include "OnBoard.h"
extern unsigned char SampleApp_TaskID;
void delay()
{
   int i,j;
   for(i=0;i<1000;i++)
      for(j=0;j<30;j++);
}
void KeysIntCfg()
{//Key2
   IEN1|=0x20;        // 使能 P0 口中断
   P0IEN|=0x01;       //P0.1 中断使能
   PICTL|=0x01;       //P0.1 下降沿触发
   P0IFG = 0x00;      // 初始化中断标志
   EA=1;              // 开总中断
}
#pragma vector=P0INT_VECTOR
__interrupt void Key2_ISR()   //P0_0
{
  if(P0IFG & 0X01)
  {
   osal_start_timerEx(SampleApp_TaskID,SAMPLEAPP_SEND_PERIODIC_MSG_EVT,25);
  }
   P0IFG=0;           // 清中断标志
   P0IF=0;            // 清中断标志
}
```

这里是需要添加的

（5）打开 ZMain.c 文件，添加按键初始化函数。主要功能代码实现参见粗体字部分：

```c
#include "SampleKey.h"
int main( void )
{
   ...
   #ifdef WDT_IN_PM1
     /* 如果使用 WDT,这时启用它的地方 */
     WatchDogEnable( WDTIMX );
   #endif
```

这里是需要添加的

```
    KeysIntCfg();                      这里是需要添加的
    P1_2=0;          //关闭蜂鸣器
    osal_start_system();               // 在这里没有返回值

    return 0;                          // 没有执行到这里
} // main()
```

(6) 打开 hal_board_cfg.h 头文件，将系统所设置的宏定义按键参数 HAL_KEY 改为 FALSE，表示采用自定义按键功能。主要功能代码实现参见粗体字部分：

```
/* 设置为 TRUE 启用密钥用法，设置为 FALSE 禁用它
#ifndef HAL_KEY
#define HAL_KEY FALSE                  这里是需要修改的
#endif
```

(7) 打开 hal_board_cfg.h 头文件，将系统所设置的宏定义 LED 参数 HAL_LED 改为 FALSE，表示采用自定义 LED 功能。主要功能代码实现参见粗体字部分：

```
/* 设置为 TRUE 启用密钥用法，设置为 FALSE 禁用它 */
ifndef HAL_LED
#define HAL_LED FALSE                  这里是需要修改的
#endif
```

(8) 在 SampleApp_ProcessEvent() 系统事件处理函数中，通过协调器按键按下将 P1.0 和 P1.1 所对应引脚 LED 灯点亮和熄灭。主要功能代码实现参见粗体字部分：

```
uint16 SampleApp_ProcessEvent( uint8 task_id, uint16 events )
{
  afIncomingMSGPacket_t *MSGpkt;
  (void)task_id;     // 有意未引用的
  ...
  if( events & SAMPLEAPP_SEND_PERIODIC_MSG_EVT )
  {
    if(0==P0_0)           // 协调器模块按键按下
    {
      P1SEL &= ~0x03;
      P1DIR |=0x03;                    这里是需要添加的
      P1_0 ^=1;           //点亮或者熄灭 P1.0 灯
      P1_1 ^=1;           //点亮或者熄灭 P1.1 灯
    }
    // 返回未处理的事件
    return (events ^ SAMPLEAPP_SEND_PERIODIC_MSG_EVT);
  }
}
```

3. 下载程序至网关模块

（1）将模块通过仿真器连接到计算机上，按下仿真器上的按钮，仿真器变成绿灯，参见图 2-8。

（2）下载协调器模块程序：选择 CoordinatorEB 选项卡，单击"编译"按钮编译工程，然后单击绿色三角按钮下载程序到模块，如图 3-13 所示。

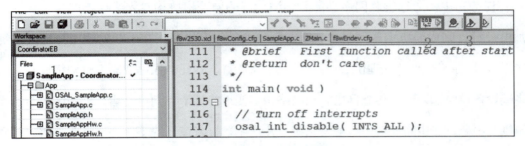

图 3-13　下载协调器模块程序

（3）单击运行图标，观察实验现象，如图 3-14 所示。

图 3-14　观察实验现象

任务思考

本任务主要利用到网关模块中的_____无线通信模块、_____和_____指示灯。当网关模块加电启动运行时，_____无线通信模块开始组建网络，当网络运行状态为协调器网络状态时，表示网关模块已成为协调器角色，这时通过单击协调器上的按键触发外部中断产生，在按键中断处理函数中，调用_____函数触发_____系统事件产生，从而在_____系统事件处理函数中，点亮一盏 LED 灯。

任务二　终端节点加入网络按键控制应用

任务描述

在任务一中，通过物联网多功能教学演示仪的网关模块构建无线传感网络，当网关模块加电运行直到成为协调器网络状态时，单击按键触发中断，在中断处理中再触发系统事件产生，最后在系统事件处理函数中点亮一盏 LED 灯。本任务在协调器组建网络成功之后，将终端设备模块加入无线传感网络，当网络状态变成终端节点角色之后，单击终端节点模块按键触发中断，在中断处理中再触发系统事件产生，接着在系统事件处理函数中通过单播方式无线发送字符信息，最后到达协调器模块后，点亮协调器上的 LED 灯。

任务分析

物联网多功能教学演示仪的网关模块主要包括基于 CC2530 的无线通信模块和 LED 指示灯，同时终端设备模块包括按键、相关传感器及控制机构。一方面，当网关模块加电启动运行时，CC2530 的无线通信模块开始组建无线传感网络，当网络运行状态为协调器网络状态时，触发自定义事件，点亮一盏 LED 灯，表示网关模块已成为协调器。另一方面，将终端设备模块起电加入无线传感网络，当网络状态变成终端节点角色之后，这时通过单击终端节点模块上的按键触发外部中断产生。在按键中断处理函数中，调用 osal_set_event() 函数触发 SAMPLEAPP_SEND_PERIODIC_MSG_EVT 系统事件产生，接着在 SampleApp_ProcessEvent() 系统事件处理函数中，单播方式无线发送字符信息至协调器模块，最后协调器 SampleApp_MessageMSGCB() 函数收到字符信息后点亮 LED 灯。图 3-15 所示为终端节点模块加入网络按键发送字符信息流程图。

项目 三 无线传感网络按键控制应用

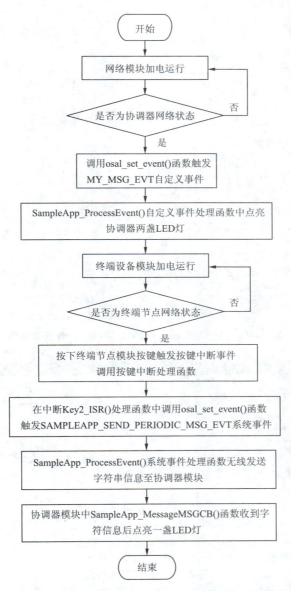

图 3-15 终端节点模块加入网络按键发送字符信息流程图

任务实施

1. 运行 Z-Stack 协议栈工程项目

(1) 打开 IAR Embedded Workbench for 8051 8.10 Evaluation → IAR Embedded Workbench 开发平台，如图 3-16 所示。

(2) 选择 File → Open → Workspace 命令，如图 3-17 所示。

(3) 打开目录 D:\Zigbee_code\ZStack-CC2530-2.5.1a_1.3\Projects\zstack\Samples\SampleApp\CC 2530DB 中的 SampleApp.eww 工程，如图 3-18 所示。

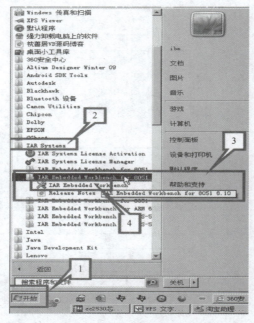

图 3-16　打开 IAR Embedded Workbench 开发平台

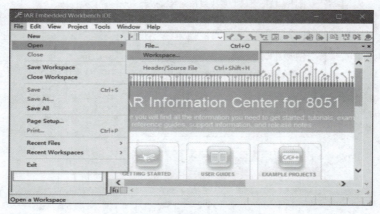

图 3-17　打开工作空间

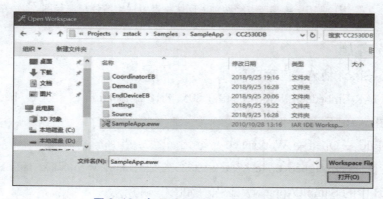

图 3-18　打开 SampleApp.eww 工程

(4) 在左面的 WorkSpace 下拉列表中选择 CoordinatorEB 选项之后，打开 Tools 文件夹，打开 f8wConfig.cfg 文件，这里所有代码均为协调器节点网络参数设置，如图 3-19 所示。

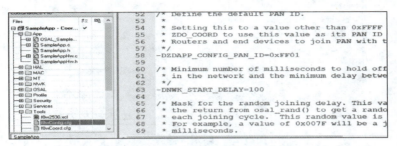

图 3-19 打开 f8wConfig.cfg 文件

(5) 这里以第一组同学为例，协调器 PAN ID 编号可修改为 0XFF01，第二组为 0XFF02，依此类推，如图 3-20 所示。

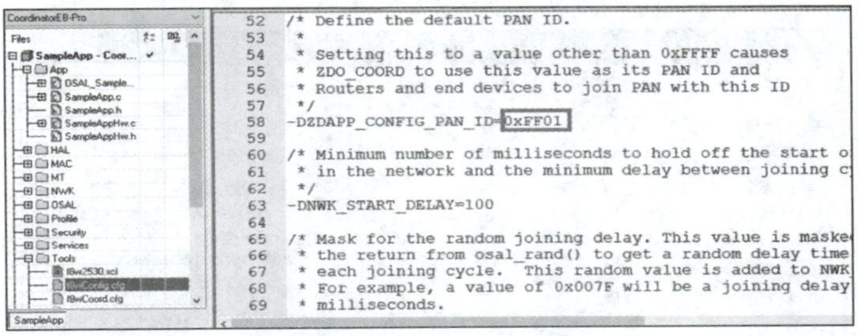

图 3-20 修改 PAN ID 编号

(6) 在左面的 Workspace 下拉列表中选择 CoordinatorEB 选项之后，打开 SampleApp.c 文件，这里所有代码均为协调器节点服务，如图 3-21 所示。

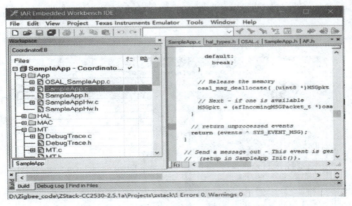

图 3-21 打开 SampleApp.c 文件

(7) 单击工具栏上的"新建文件"按钮，新增按键源文件，再单击"保存"按钮，打开如图 3-22 所示对话框，选择 ZStack-CC2530-2.5.1a _2.1\Projects\zstack\Samples\SampleApp\Source 路径，输入 SampleKey.c 文件名。

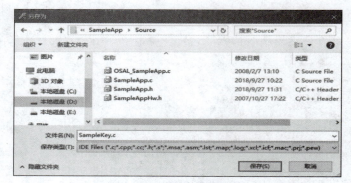

图 3-22　新增按键源文件

(8) 同理,单击工具栏上的"新建文件"按钮,新增按键头文件,再单击"保存"按钮,打开如图 3-23 所示对话框,选择 ZStack-CC2530-2.5.1a _2.1\Projects\zstack\Samples\SampleApp\Source 路径下,输入 SampleKey.h 文件名。

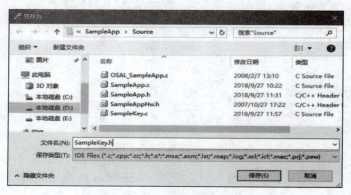

图 3-23　新增按键头文件

(9) 右击工程中的 App 文件夹,选择 Add → Add Files 命令,添加温度传感器文件,如图 3-24 所示。

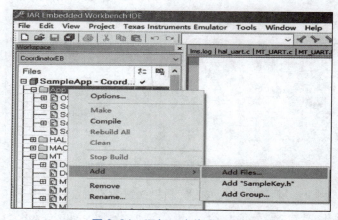

图 3-24　添加温度传感器文件

（10）在如图 3-25 所示的新增文件对话框中，选择 SampleKey.c 和 SampleKey.h 文件，单击"打开"按钮，完成按键文件添加。

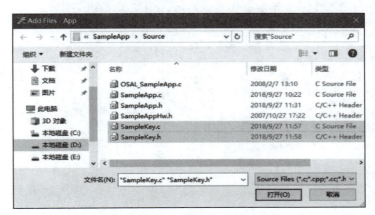

图 3-25　完成按键文件添加

2. 编写项目功能代码

（1）打开 SampleApp.h 头文件，添加自定义事件 MY_MSG_EVT。主要功能代码实现参见粗体字部分：

```
#define SAMPLEAPP_ENDPOINT                 20
#define SAMPLEAPP_PROFID                   0x0F08
#define SAMPLEAPP_DEVICEID                 0x0001
#define SAMPLEAPP_DEVICE_VERSION           0
#define SAMPLEAPP_FLAGS                    0

#define SAMPLEAPP_MAX_CLUSTERS             2
#define SAMPLEAPP_PERIODIC_CLUSTERID       1
#define SAMPLEAPP_FLASH_CLUSTERID          2

// 发送消息超时
#define SAMPLEAPP_SEND_PERIODIC_MSG_TIMEOUT   5000

// 应用程序事件（OSAL）- 这些是位加权定义
#define SAMPLEAPP_SEND_PERIODIC_MSG_EVT    0x0001
#define MY_MSG_EVT                         0x0002      这里是需要添加的


// Flash 命令的组 ID
#define SAMPLEAPP_FLASH_GROUP              0x0001
// 闪存命令持续时间 - 以毫秒为单位
#define SAMPLEAPP_FLASH_DURATION           1000
```

（2）在 SampleApp_Init() 函数中初始化 P1.0 和 P1.1 两盏 LED 灯，使之熄灭。主要功能代码实现参见粗体字部分：

```
void SampleApp_Init( uint8 task_id )
{
  SampleApp_TaskID=task_id;
  SampleApp_NwkState=DEV_INIT;
  SampleApp_TransID=0;
    P1SEL &=~0x07;
    P1DIR |=0x07;
    P0SEL &=~0x80;
    P0DIR |=0x80;
    P1_0=1;        //初始化熄灭P1.0灯
    P1_1=1;        //初始化熄灭P1.1灯
    P0_7=1;        //初始化熄灭P0.7灯
    P1_2=0;        //关闭蜂鸣器
    ...
}
```

这里是需要添加的

（3）在SampleKey.h文件中添加按键初始化函数声明。主要功能代码实现参见粗体字部分：

```
#ifndef SAMPLEKEY_H
#define SAMPLEKEY_H
void KeysIntCfg();
#endif
```

这里是需要添加的

（4）在SampleKey.c文件中主要完成终端节点模块按键初始化函数和P0.1按键按下中断处理函数实现，并在Key2_ISR()中断处理函数中调用osal_start_timerEx (SampleApp_TaskID,SAMPLEAPP_SEND_PERIODIC_MSG_EVT,25)函数，触发SAMPLEAPP_SEND_PERIODIC_MSG_EVT系统事件产生。主要功能代码实现参见粗体字部分：

```
#include<iocc2530.h>
#include "SampleApp.h"
#include "OSAL_Timers.h"
#include "OSAL.h"
#include "OnBoard.h"
extern unsigned char SampleApp_TaskID;
void delay()
{
    int i,j;
    for(i=0;i<1000;i++)
      for(j=0;j<30;j++);
}
void KeysIntCfg()
{//Key2
```

这里是需要添加的

```
    IEN1|=0x20;          // 使能 P0 口中断
    P0IEN|=0x01;         //P0.1 中断使能
    PICTL|=0x01;         //P0.1 下降沿触发
    P0IFG=0x00;          // 初始化中断标志
    EA=1;                // 开总中断
}
#pragma vector=P0INT_VECTOR
__interrupt void Key2_ISR()//P0_1
{

  if(P0IFG & 0X01)
  {
     osal_start_timerEx(SampleApp_TaskID,SAMPLEAPP_SEND_PERIODIC_MSG_EVT,25);
  }
  P0IFG =0;              // 清中断标志
  P0IF=0;                // 清中断标志
}
```

(这里是需要添加的)

(5) 打开 ZMain.c 文件，添加按键初始化函数。主要功能代码实现参见粗体字部分：

```
#include "SampleKey.h"
int main( void )
{
   ...
  #ifdef WDT_IN_PM1
    /* 如果使用 WDT，这时启用它的地方 */
    WatchDogEnable( WDTIMX );
  #endif
    KeysIntCfg();
    P1_2=0;               // 关闭蜂鸣器
    osal_start_system();   // 没有返回值
    return 0;              // 未执行到这里
} // main()
```

(这里是需要添加的)

(6) 打开 hal_board_cfg.h 头文件，将系统所设置的宏定义按键参数 HAL_KEY 改为 FALSE，表示采用自定义按键功能，将系统所设置的宏定义 LED 参数 HAL_LED 改为 FALSE，表示采用自定义 LED 功能。主要功能代码实现参见粗体字部分：

```
/* Set to TRUE enable KEY usage, FALSE disable it */
#ifndef HAL_KEY
  #define HAL_KEY FALSE
#endif
/* Set to TRUE enable KEY usage, FALSE disable it */
ifndef HAL_LED
```

(这里是需要修改的)

```
#define HAL_LED FALSE          ← 这里是需要修改的
#endif
```

(7) 调用 osal_set_event(SampleApp_TaskID, MY_MSG_EVT) 函数触发协调器的 MY_MSG_EVT 自定义事件。主要功能代码实现参见粗体字部分：

```
uint16 SampleApp_ProcessEvent( uint8 task_id, uint16 events )
{
  afIncomingMSGPacket_t *MSGpkt;
  (void)task_id;    // 有意未引用的参数
  if ( events & SYS_EVENT_MSG )
  {
    MSGpkt=(afIncomingMSGPacket_t *)osal_msg_receive( SampleApp_TaskID );
    while ( MSGpkt )
    {
      switch ( MSGpkt->hdr.event )
      {
        …
        case ZDO_STATE_CHANGE:
          SampleApp_NwkState=(devStates_t)(MSGpkt->hdr.status);
          if (SampleApp_NwkState==DEV_ZB_COORD)
          {
              osal_set_event(SampleApp_TaskID, MY_MSG_EVT);
          }
          if (SampleApp_NwkState==DEV_END_DEVICE)
          {
              P1_0=1;      //熄灭 P1.0 灯
              P1_1=1;      //熄灭 P1.1 灯
              P0_7=0;      //点亮 P0.7 灯
              P1_2=0;      //关闭蜂鸣器
          }
          break;
        default:
          break;
      }
      osal_msg_deallocate( (uint8 *)MSGpkt );
      MSGpkt=(afIncomingMSGPacket_t *)osal_msg_receive( SampleApp_TaskID );
    }
    return (events ^ SYS_EVENT_MSG);
  }
  return 0;
}
```

(注：粗体框内部分 ← 这里是需要添加的)

（8）在 SampleApp_ProcessEvent() 自定义 MY_MSG_EVT 事件处理函数中，将协调器 P1.0 和 P1.1 引脚所对应的 LED 灯点亮。主要功能代码实现参见粗体字部分：

```
uint16 SampleApp_ProcessEvent( uint8 task_id, uint16 events )
{
  afIncomingMSGPacket_t *MSGpkt;
  (void)task_id;    // 有意未引用的参数
  ...
  if ( events & SAMPLEAPP_SEND_PERIODIC_MSG_EVT )
  {
    return (events ^ SAMPLEAPP_SEND_PERIODIC_MSG_EVT);
  }
  if ( events & MY_MSG_EVT)
  {
    P1SEL &=~0x07;
    P1DIR |=0x07;
    P1_0=0;      //低电平点亮协调器 P1.0 灯
    P1_1=0;      //低电平点亮协调器 P1.1 灯
    P1_2=0;      //关闭蜂鸣器
    // 返回未处理的事件
    return (events ^ MY_MSG_EVT);
  }
  ...
}
```

（这里是需要添加的）

（9）在 SampleApp_ProcessEvent() 系统事件处理函数中，一旦终端节点模块按键按下之后，无线发送字符信息至协调器模块。主要功能代码实现参见粗体字部分：

```
uint16 SampleApp_ProcessEvent( uint8 task_id, uint16 events )
{
  afIncomingMSGPacket_t *MSGpkt;
  (void)task_id;    // 有意未引用的参数
  ...
  if ( events & SAMPLEAPP_SEND_PERIODIC_MSG_EVT )
  {
    if(0==P0_0)
    { //按钮2按下
      char theMessageData='a';
      SampleApp_Periodic_DstAddr.addrMode=(afAddrMode_t)Addr16Bit;
      SampleApp_Periodic_DstAddr.addr.shortAddr=0x0000;
      // 接收模块协调器的网络地址
      SampleApp_Periodic_DstAddr.endPoint=SAMPLEAPP_ENDPOINT;
      // 接收模块的端点房间号
      AF_DataRequest( &SampleApp_Periodic_DstAddr,&SampleApp_epDesc,
```

（这里是需要添加的）

```
        SAMPLEAPP_PERIODIC_CLUSTERID,
    1,// 发送字符的长度
    &theMessageData,// 字符串内容数组的首地址
    &SampleApp_TransID,
    AF_DISCV_ROUTE,
        AF_DEFAULT_RADIUS );
    }
    // 返回未处理事件
    return (events ^ SAMPLEAPP_SEND_PERIODIC_MSG_EVT);
  }
  ...
  }
...
}
```

这里是需要添加的

（10）一旦协调器模块收到终端节点模块无线发送过来的字符信息之后，调用 SampleApp_MessageMSGCB() 函数进行判断，如果收到是字符 'a'，就将协调器上的 P1.1 引脚的 LED 灯点亮。主要功能代码实现参见粗体字部分：

```
void SampleApp_MessageMSGCB( afIncomingMSGPacket_t *pkt )
{
  uint16 flashTime;
  switch ( pkt->clusterId )
  {
    case SAMPLEAPP_PERIODIC_CLUSTERID:
      if(pkt->cmd.Data[0]=='a')
      {
          P1_0 ^=1;          // 低电平点亮或者熄灭协调器 P1.0LED 灯
          P1_1 ^=1;          // 低电平点亮或者熄灭协调器 P1.1LED 灯
      }
      break;
    ...
  }
}
```

这里是需要添加的

3. 下载程序至网关模块和终端设备模块

（1）本实验用到两个模块，求助按钮模块作为终端，继电器模块作为协调器，将模块通过仿真器连接到计算机上，按下仿真器上的按钮，仿真器变成绿灯，参见图 2-8。

（2）下载协调器模块程序：选择 CoordinatorEB 选项卡，单击"编译"按钮编译工程，然后单击绿色三角按钮下载程序到模块，如图 3-26 所示。

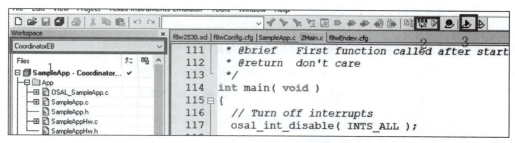

图 3-26　下载协调器模块程序

（3）下载终端模块程序：选择 EndDeviceEB 选项卡，单击"编译"按钮编译工程，然后单击绿色三角按钮下载程序到模块，如图 3-27 所示。

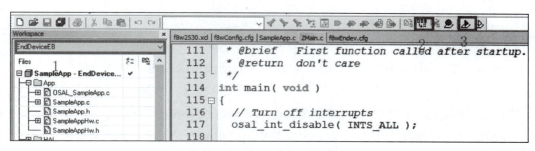

图 3-27　下载终端模块程序

（4）按下终端模块的按键，观察实验现象，如图 3-28 所示。

图 3-28　观察实验现象

任务思考

当网络运行状态为协调器网络状态时,触发自定义事件,点亮一盏 LED 灯,表示网关模块已成为协调器。另一方面将终端设备模块加电运行加入无线传感网络,当网络状态变成终端节点角色之后,通过单击终端节点模块上的按键触发外部中断产生,在按键中断处理函数中,调用_____函数触发_____系统事件产生,接着在_____系统事件处理函数中,无线发送字符信息至协调器模块,最后协调器_____函数收到字符信息后点亮 LED 灯。

任务三 协调器按键无线控制终端节点设备应用

任务描述

在任务二中,通过物联网多功能教学演示仪的网关模块构建无线传感网络,当网关模块加电运行直到成为协调器网络状态时,点亮两盏 LED 灯,同时终端设备模块加电运行加入无线传感网络。当网络状态变成终端节点之后,通过按键触发中断产生,在中断处理中再触发系统事件产生,接着在系统事件处理函数中通过单播方式无线发送字符信息,最后到达协调器模块后,点亮协调器上的 LED 灯。本任务在协调器组建网络成功之后,将终端设备模块加入无线传感网络,通过单击协调器模块上的按键触发中断,在中断处理中再触发系统事件产生,接着在系统事件处理函数中以广播方式无线发送字符串信息,最后到终端节点模块后,控制继电器的闭合和断开操作。

任务分析

物联网多功能教学演示仪的网关模块主要包括基于 CC2530 的无线通信模块、按键和 LED 指示灯,同时终端设备模块包括相关传感器及控制机构。一方面,当网关模块加电启动运行时,CC2530 的无线通信模块开始组建无线传感网络,当网络运行状态为协调器网络状态时,触发系统事件,点亮两盏 LED 灯,表示网关模块已成为协调器。另一方面,将终端设备模块加电运行加入无线传感网络,当网络状态变成终端节点角色之后,通过单击协调器模块上的按键触发外部中断产生。在按键中断处理函数中,调用 osal_set_event() 函数触发 SAMPLEAPP_SEND_PERIODIC_MSG_EVT 系统事件产生,接着在 SampleApp_ProcessEvent() 系统事件处理函数中,以广播方式无线发送字符串信息至终端节点模块,最后终端节点模块调用 SampleApp_MessageMSGCB() 函数收到字符信息后控制继电器闭合或者断开操作,如图 3-29 所示。

项目 三 无线传感网络按键控制应用

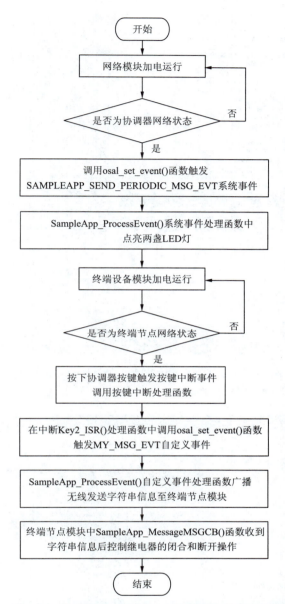

图 3-29 协调器模块按键发送字符串信息控制终端继电器流程

任务实施

1. 运行 Z-Stack 协议栈工程项目

（1）打开 IAR Embedded Workbench for 8051 8.10 Evaluation → IAR Embedded Workbench 开发平台，如图 3-30 所示。

63

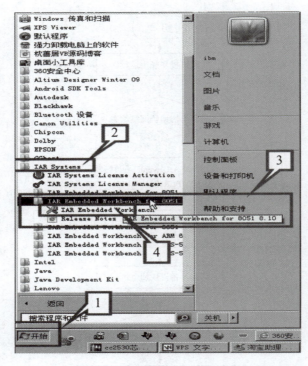

图 3-30　打开 IAR Embedded Workbench 开发平台

（2）选择 File → Open → Workspace 命令，如图 3-31 所示。

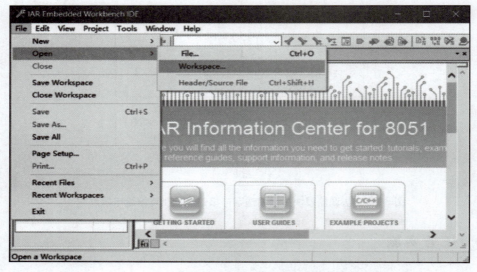

图 3-31　打开工作空间

（3）打开目录 D:\Zigbee_code\ZStack-CC2530-2.5.1a_1.3\Projects\zstack\Samples\Sample App\CC2530DB 中的 SampleApp.eww 工程，如图 3-32 所示。

项目 三 无线传感网络按键控制应用

图 3-32 打开 SampleApp.eww 工程

（4）在左面的 WorkSpace 下拉列表中选择 CoordinatorEB 选项之后，打开 Tools 文件夹，打开 f8wConfig.cfg 文件，这里所有代码均为协调器节点网络参数设置，如图 3-33 所示。

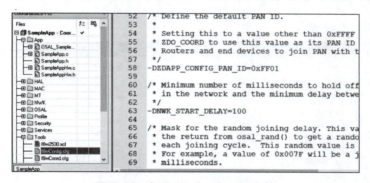

图 3-33 打开 f8wConfig.cfg 文件

（5）这里以第一组同学为例，协调器 PAN ID 编号可修改为 0XFF01，第二组为 0XFF02，依此类推，如图 3-34 所示。

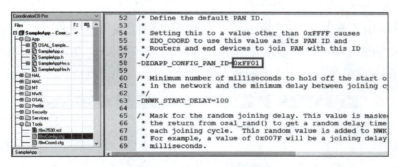

图 3-34 修改 PAN ID 编号

（6）在左面的 Workspace 下拉列表中选择 CoordinatorEB 选项，打开 SampleApp.c 文件，这里所有代码均为协调器节点服务，如图 3-35 所示。

（7）单击工具栏上的"新建文件"按钮，新增按键源文件，然后单击"保存"按钮，打开如图 3-36 所示对话框，在 ZStack-CC2530-2.5.1a _2.1\Projects\zstack\Samples\SampleApp\

65

Source 路径下，输入 SampleKey.c 文件名。

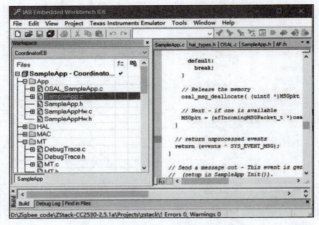

图 3-35　打开 SampleApp.c 文件

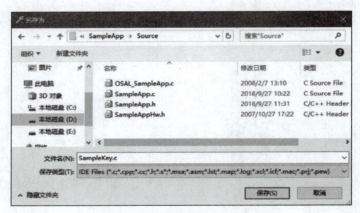

图 3-36　新增按键文件源

（8）同理单击工具栏上的"新建文件"按钮，新增按键头文件，然后单击"保存"按钮，打开如图 3-37 所示对话框，在 ZStack-CC2530-2.5.1a _2.1\Projects\zstack\Samples\SampleApp\Source 路径下，输入 SampleKey.h 文件名。

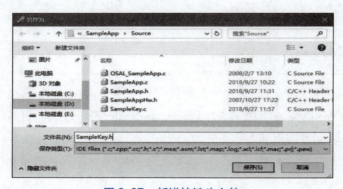

图 3-37　新增按键头文件

(9) 右击工程中的 App 文件夹，选择 Add → Add Files 命令，添加温度传感器文件，如图 3-38 所示。

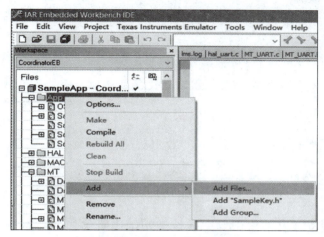

图 3-38　添加温度传感器文件

(10) 在如图 3-39 所示的新增文件对话框中，选择 SampleKey.c 和 SampleKey.h 文件，单击"打开"按钮，完成按键文件添加。

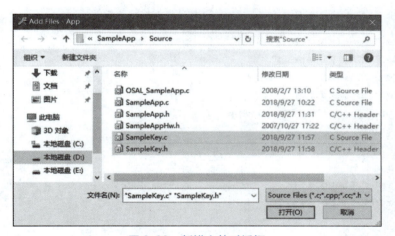

图 3-39　新增文件对话框

2. 编写项目功能代码

(1) 在 SampleApp_Init() 函数中初始化 P1.0 和 P1.1 两盏 LED 灯，使之熄灭。主要功能代码实现参见粗体字部分：

```
void SampleApp_Init( uint8 task_id )
{
  SampleApp_TaskID=task_id;
  SampleApp_NwkState=DEV_INIT;
  SampleApp_TransID=0;
```

```
    P1SEL &=~0x03;
    P1DIR |=0x03;
    P1_0=1;        // 初始化熄灭 P1.0 灯
    P1_1=1;        // 初始化熄灭 P1.1 灯
    ...
}
```
这里是需要添加的

（2）在 SampleKey.h 文件中添加按键初始化函数声明。主要功能代码实现参见粗体字部分：

```
#ifndef SAMPLEKEY_H
#define SAMPLEKEY_H
void KeysIntCfg();
#endif
```
这里是需要添加的

（3）在 SampleKey.c 文件中主要完成按键初始化函数和 P0.1 按键按下中断处理函数实现，并在 Key2_ISR() 中断处理函数中调用 osal_start_timerEx(SampleApp_TaskID, MY_MSG_EVT,25) 函数，触发 MY_MSG_EVT 自定义事件产生。主要功能代码实现参见粗体字部分：

```
#include<iocc2530.h>
#include "SampleApp.h"
#include "OSAL_Timers.h"
#include "OSAL.h"
#include "OnBoard.h"
extern unsigned char SampleApp _TaskID;
void delay()
{
    int i,j;
    for(i=0;i<1000;i++)
       for(j=0;j<30;j++);
}
void KeysIntCfg()
{  //Key2
    IEN1|=0x20;         // 使能 P0 口中断
    P0IEN|=0x02;        //P0.1 中断使能
    PICTL|=0x01;        //P0.1 下降沿触发
    P0IFG=0x00;         // 初始化中断标志
    EA=1;               // 开总中断
}
#pragma vector=P0INT_VECTOR
__interrupt void Key2_ISR()//P0_1
{
```
这里是需要添加的

```
if(P0IFG & 0X02)
{
    osal_start_timerEx(SampleApp_TaskID,MY_MSG_EVT,25);
}
 P0IFG =0;         // 清中断标志
 P0IF=0;           // 清中断标志
}
```
　　　　　　　　　　　　　　　　└── 这里是需要添加的

（4）打开 SampleApp.h 头文件，添加自定义事件 MY_MSG_EVT。主要功能代码实现参见粗体字部分：

```
#define SAMPLEAPP_ENDPOINT                  20
#define SAMPLEAPP_PROFID                    0x0F08
#define SAMPLEAPP_DEVICEID                  0x0001
#define SAMPLEAPP_DEVICE_VERSION            0
#define SAMPLEAPP_FLAGS                     0
#define SAMPLEAPP_MAX_CLUSTERS              2
#define SAMPLEAPP_PERIODIC_CLUSTERID        1
#define SAMPLEAPP_FLASH_CLUSTERID           2
// 发送消息超时
#define SAMPLEAPP_SEND_PERIODIC_MSG_TIMEOUT   5000     // 每5秒
// 应用程序事件 (OSAL) - 这些是位加权定义
#define SAMPLEAPP_SEND_PERIODIC_MSG_EVT       0x0001
#define MY_MSG_EVT                            0x0002
```
　　　　　　　　　　　　　　　　　　　　　└── 这里是需要添加的

```
// Flash 命令的组 ID
#define SAMPLEAPP_FLASH_GROUP                 0x0001
// 闪存命令持续时间 - 以毫秒为单位
#define SAMPLEAPP_FLASH_DURATION              1000
```

（5）打开 ZMain.c 文件，添加按键初始化函数。主要功能代码实现参见粗体字部分：

```
int main( void )
{
    ...
    #ifdef WDT_IN_PM1
      /* 如果使用 WDT，这是启用它的地方 */
      WatchDogEnable( WDTIMX );
    #endif
    KeysIntCfg();
    P1_2=0;// 关闭蜂鸣器

    osal_start_system();    // 没有返回值
    return 0;               // 来执行到这里

} // main()
```
　　　　　　　　　└── 这里是需要添加的

(6) 打开 hal_board_cfg.h 头文件,将系统所设置的宏定义按键参数 HAL_KEY 改为 FALSE,表示采用自定义按键功能,将系统所设置的宏定义 LED 参数 HAL_LED 改为 FALSE,表示采用自定义 LED 功能。主要功能代码实现参见粗体字部分:

```
/* 设置为 TRUE 启用密钥用法,设置为 FALSE 禁用它
#ifndef HAL_KEY
#define HAL_KEY FALSE              这里是需要修改的
#endif
/* 设置为 TRUE 启用密钥用法,设置为 FALSE 禁用它 */
ifndef HAL_LED
#define HAL_LED FALSE              这里是需要修改的
#endif
```

(7) 在 ZDO_STATE_CHANGE 网络状态改变消息处理中调用 osal_set_event(SampleApp_TaskID, SAMPLEAPP_SEND_PERIODIC_MSG_EVT) 函数触发协调器的 SAMPLEAPP_SEND_PERIODIC_MSG_EVT 系统事件。主要功能代码实现参见粗体字部分:

```
uint16 SampleApp_ProcessEvent( uint8 task_id, uint16 events )
{
  afIncomingMSGPacket_t *MSGpkt;
  (void)task_id;    // 有意未引用的参数
  if ( events & SYS_EVENT_MSG )
  {
    MSGpkt=(afIncomingMSGPacket_t *)osal_msg_receive( SampleApp_TaskID );
    while ( MSGpkt )
    {
      switch ( MSGpkt->hdr.event )
      {
        ...
        case ZDO_STATE_CHANGE:
          SampleApp_NwkState=(devStates_t)(MSGpkt->hdr.status);
          if (SampleApp_NwkState==DEV_ZB_COORD)
          {
            osal_set_event(SampleApp_TaskID, SAMPLEAPP_SEND_PERIODIC_MSG_EVT);
          }
          break;                                              这里是需要添加的
        default:
          break;
      }
      osal_msg_deallocate( (uint8 *)MSGpkt );
      MSGpkt=(afIncomingMSGPacket_t *)osal_msg_receive( SampleApp_TaskID );
    }
    return (events ^ SYS_EVENT_MSG);
```

```
    }
    return 0;
}
```

(8) 在 SampleApp_ProcessEvent() 系统事件处理函数中，一旦协调器组建网络成功之后，将协调器上的 P1.0 和 P1.1 引脚所对应的 LED 灯点亮。主要功能代码实现参见粗体字部分：

```
uint16 SampleApp_ProcessEvent( uint8 task_id, uint16 events )
{
  afIncomingMSGPacket_t *MSGpkt;
  (void)task_id;   // Intentionally unreferenced parameter
  ...
  if ( events & SAMPLEAPP_SEND_PERIODIC_MSG_EVT)
  {
     P1SEL &=~0x03;
     P1DIR |=0x03;
     P1_0=0;           //点亮协调器 P1.0 灯
     P1_1=0;           //点亮协调器 P1.1 灯
     return (events ^ SAMPLEAPP_SEND_PERIODIC_MSG_EVT);
  }
}
```
（粗体部分注释：这里是需要添加的）

(9) 在 SampleApp_ProcessEvent() 系统事件处理函数中，一旦协调器按键按下之后，广播无线发送字符串 "ONOFF" 信息至终端节点模块。主要功能代码实现参见粗体字部分：

```
uint16 SampleApp_ProcessEvent( uint8 task_id, uint16 events )
{
  afIncomingMSGPacket_t *MSGpkt;
  (void)task_id;   // 有意未引用的参数
  ...
  if ( events & MY_MSG_EVT )
  {
    if(0==P0_1)
    {     //按钮 2 按下
      char theMessageData[]="ONOFF";
      SampleApp_Periodic_DstAddr.addrMode=(afAddrMode_t)Addr16Bit;
      SampleApp_Periodic_DstAddr.addr.shortAddr=0xFFFF;
      // 接收模块终端节点的广播网络地址
      SampleApp_Periodic_DstAddr.endPoint=SAMPLEAPP_ENDPOINT;
      // 接收模块的端点房间号
      AF_DataRequest( &SampleApp_Periodic_DstAddr, &SampleApp_epDesc,
                      SAMPLEAPP_PERIODIC_CLUSTERID,
```
（粗体部分注释：这里是需要添加的）

```
                        byte)osal_strlen( theMessageData )+1,// 发送字符的长度
                        theMessageData,          // 字符串内容数组的首地址
                        &SampleApp_TransID,
                        AF_DISCV_ROUTE,
                        AF_DEFAULT_RADIUS );
    }
    return (events ^ MY_MSG_EVT);
  }
  return 0;
}
```

↑ 这里是需要添加的

（10）一旦终端节点模块收到协调器模块发送过来的字符串信息之后，调用 SampleApp_MessageMSGCB() 函数进行判断，如果收到是字符串 "ONOFF"，就将控制终端节点模块的 P1.6 引脚的继电器模块。主要功能代码实现参见粗体字部分：

```
void SampleApp_MessageMSGCB( afIncomingMSGPacket_t *pkt )
{
  uint16 flashTime;
  switch( pkt->clusterId )
  {
    case SAMPLEAPP_PERIODIC_CLUSTERID:
      if(pkt->cmd.Data[0]=='O'&pkt->cmd.Data[1]=='N'&
      pkt->cmd.Data[2]=='O'&pkt->cmd.Data[3]=='F'&pkt->cmd.Data[4]=='F')
      // 如果收到的是 ONOFF 就闭合或者断开继电器
      {
          P1SEL &= ~0x40;
          P1DIR |=0x40;
          P1_6 ^=1;     // 继电器控制
      }
      break;
    ...
  }
}
```

↑ 这里是需要添加的

3. 下载程序至网关模块和终端设备模块

（1）本实验用到两个模块：求助按钮模块作为协调器，继电器模块作为终端。将模块通过仿真器连接到计算机上，按下仿真器上的按钮，仿真器变成绿灯，参见图 2-8。

（2）下载协调器模块程序：选择 CoordinatorEB 选项卡，单击"编译"按钮编译工程，然后单击绿色三角按钮下载程序到模块，如图 3-40 所示。

项目 三　无线传感网络按键控制应用

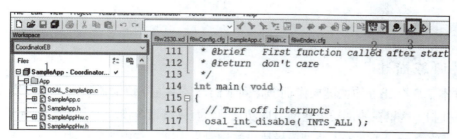

图 3-40　下载协调器模块程序

（3）下载终端模块程序：选择 EndDeviceEB 选项卡，单击"编译"按钮编译工程，然后单击绿色三角按钮下载程序到模块，如图 3-41 所示。

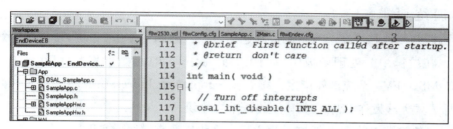

图 3-41　下载终端模块程序

（4）按下协调器模块的按键，观察实验现象，如图 3-42 所示。

图 3-42　观察实验现象

任务思考

当网络运行状态为协调器网络状态时，触发系统事件，点亮两盏 LED 灯，表示网关模块已成为协调器。另一方面将终端设备模块加电运行加入无线传感网络，当网络状态变成终端节点角色之后，这时通过单击协调器模块上的按键触发外部中断产生，在按键中断处理函数中，调用_____函数触发_____系统事件产生，接着在_____系统事件处理函数中，以_____方式无线发送字符串信息至终端节点模块，最后_____模块调用_____函数收到字符信息后控制继电器闭合或者断开操作。

73

拓展训练

训练描述

通过本章 3 个任务的按键操作训练，同学们已经掌握了协调器节点按键和终端节点的按键控制机制，这里在协调器组建网络成功之后，将终端设备模块加入无线传感网络，一旦成功加入网络之后，通过单击协调器模块上按键触发中断，在中断处理中再触发系统事件产生，接着在系统事件处理函数中以广播方式无线发送字符串信息，最后到终端节点模块后，控制风扇的闭合和断开操作。

训练要求

（1）协调器节点和终端节点组网成功之后，一旦协调器按下 P0.0 按键，按键触发外部中断产生，在按键中断处理函数中，调用 osal_set_event() 函数触发 SAMPLEAPP_SEND_PERIODIC_MSG_EVT 系统事件产生，接着在 SampleApp_ProcessEvent() 系统事件处理函数中，以广播方式无线发送 "20" 字符串至终端节点模块。

（2）一旦终端节点收到 "20" 字符串之后，在终端节点模块上实现风扇的开启。

（3）如果再一次按下协调器的 P0.0 按键，在终端节点模块上实现风扇的关闭。

项目报告

课程名称	无线传感网技术与应用	项目名称	无线传感网络按键控制应用	班级	
姓名		小组成员	组长：	组员：	组员：
学号			组员：	组员：	组员：
项目报告	(报告必须包含以下几点：一、项目目的；二、项目计划；三、项目实施过程；四、项目总结；五、体会。可附页)					

续表

项目报告	
	日期： 年 月 日
	项目成员签名：

项目评价表

评价要素		分值	学生自评 30%	项目组互评 20%	教师评分 50%	各项总分	合计总分
协调器组网按键控制应用	完成代码	10					
	协调器组网按键控制应用	10					
终端节点加入网络按键控制应用	完成代码	10					
	终端节点加入网络按键控制应用	10					
协调器按键无线控制终端节点设备应用	完成代码	10					
	协调器按键无线控制终端节点设备应用	10					
拓展训练	完成拓展训练	10					
项目总结报告		10	教师评价				
素质考核	工作操守	5					
	学习态度	5					
	合作与交流	5					
	出勤	5					

学生自评签名：

项目组互评签名：

教师签名：

日期：

日期：

日期：

补充说明：

项目四
无线传感网络串口通信应用

项目背景

在家电中嵌入传感器节点,通过无线网络与互联网连接在一起,打造更方便和更人性化的智能家居环境。利用远程监控系统可实现对家电的远程遥控,无线传感器网络使住户不但可以在任何可以上网的地方通过浏览器监控家中的水表、电表、煤气表、热水器、空调、电饭煲、安防系统、煤气泄漏报警系统、外人侵入预警系统等,而且可通过浏览器设置命令对家电设备进行远程控制,也就是所谓的智能家居,如图4-1所示。

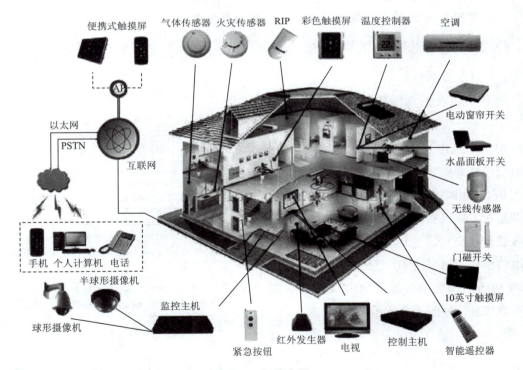

图 4-1 智能家居

智能家居系统中都会有一个多功能网关(协调器),普通节点将它采集的数据发送给协调器,协调器通过串口将数据传送给计算机,通过计算机可以处理数据。本项目将讲解无线传感设备与 PC 端进行串口通信的操作方法。

学习目标

- 能正确使用无线传感设备与 PC 端进行串口通信操作；
- 掌握协调器组网与 PC 端串口通信；
- 掌握终端节点加入无线传感网络的串口通信；
- 掌握 PC 端通过串口通信无线控制终端节点风扇设备操作。

任务一　协调器组网串口通信应用

任务描述

通过物联网设备中的网关模块构建无线传感网络，在协调器组建网络成功之后，将终端设备模块加入无线传感网络，一旦成功加入网络之后，通过单击协调器模块上的按键触发中断，在中断处理中再触发系统事件产生；接着在系统事件处理函数中以广播方式无线发送字符串信息，最后到终端节点模块后，控制继电器的闭合和断开操作。本任务开始通过串口通信方式掌握 ZigBee 的串口通信机制，实现协调器加电初始化运行之后，能够通过串口通信方式向 PC 端输出一个字符串信息。

任务分析

物联网设备的网关模块主要包括基于 CC2530 的无线通信模块和 LED 指示灯，当网关模块加电启动运行时，CC2530 的无线通信模块开始执行协议栈代码。当执行到应用层 SampleApp_Init() 初始化函数时，开始调用 MT 层（实现通过串口可控制各层，与各层直接交互信息）串口初始化函数，并把串口事件通过任务 ID 登记在 SampleApp_Init() 初始化函数中，最后向串口输出一串字符串信息，如图 4-2 所示。

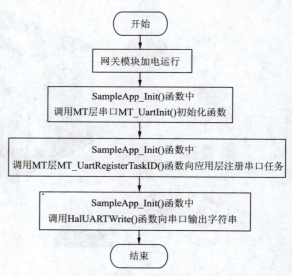

图 4-2　网关模块通过串口输出字符串流程图

任务实施

1. 运行 Z-Stack 协议栈工程项目

任务实施请参照项目二任务一的步骤。

2. 编写项目功能代码

(1) 在 SampleApp_Init() 函数中初始化串口通信。主要功能代码实现参见粗体字部分：

```c
#include "MT_UART.h"                                // 这里是需要添加的
void SampleApp_Init( uint8 task_id )
{
  SampleApp_TaskID=task_id;
  SampleApp_NwkState=DEV_INIT;
  SampleApp_TransID=0;                              // 这里是需要添加的
  MT_UartInit();                                    //MT 层串口初始化函数
    MT_UartRegisterTaskID(task_id);                 // 向应用任务 ID 登记串口事件
    HalUARTWrite(0,"Uart is init OK!\r\n",16);     // 向串口输出字符串
}
```

(2) 打开 MT_UART.h 头文件，将串口波特率修改为 115200。主要功能代码实现参见粗体字部分：

```c
#if !defined MT_UART_DEFAULT_BAUDRATE
#define MT_UART_DEFAULT_BAUDRATE HAL_UART_BR_115200     // 这里是需要修改的
#endif
```

(3) 打开 MT_UART.h 头文件，将串口流控关闭，因为串口通信只用 RX 和 TX 两根线。主要功能代码实现参见粗体字部分：

```c
#if !defined( MT_UART_DEFAULT_OVERFLOW )
#define MT_UART_DEFAULT_OVERFLOW          FALSE         // 这里是需要修改的
#endif
```

(4) 由于协议栈串口发送采用了 MT 层定义的串口发送格式，使得一些不需要的调试信息也在串口通信时出现，需要在预编译时将其去除。在 IAR 环境中，具体操作方法如下：

在 CoordinatorEB 工程上右击，在弹出的快捷菜单中选择 Options 命令，如图 4-3 所示。

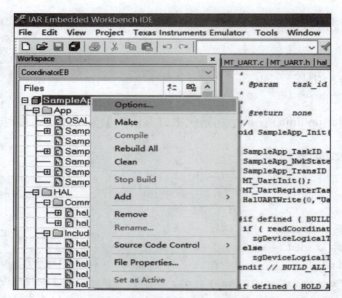

图 4-3 选择 Options 命令

在打开的 Options for node "SampleApp" 对话框中，选择 C/C++ Compiler 选项，在对话框右边选择 Preprocessor 选项卡，然后在 Defined symbols 列表框中将 MT 和 LCD 相关的内容前用 "X" 符号注释掉，单击 OK 按钮即可，如图 4-4 所示。

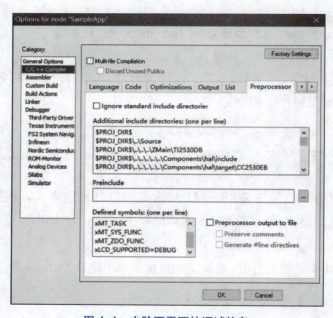

图 4-4 去除不需要的调试信息

3. 下载程序至网关模块和终端节点模块调试

（1）本实验用到一个继电器模块作为协调器，将模块通过仿真器连接到计算机上，连接上串口线。按下仿真器上的按钮，仿真器变成绿灯，参见图 2-8。

（2）下载协调器模块程序：选择 CoordinatorEB 选项卡，单击"编译"按钮编译工程，然后单击绿色三角按钮下载程序到模块，如图 4-5 所示。

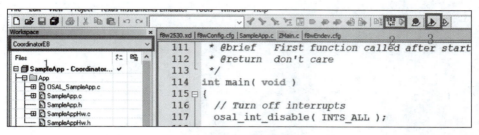

图 4-5　下载协调器模块程序

（3）按下终端模块的重启按键，观察串口调试助手实验现象，如图 4-6 所示。

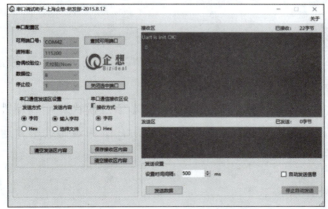

图 4-6　观察串口调试助手实验现象

任务思考

1. 网关模块主要包括基于_____的无线通信模块和_____指示灯。当网关模块加电启动运行时，_____无线通信模块开始执行协议栈代码。当执行到应用层 SampleApp_Init() 初始化函数时，调用 MT 层串口初始化函数，调用 MT 层_____函数向应用层注册串口任务，使用_____函数向串口输出字符串，并把串口事件通过任务 ID 登记在_____初始化函数中，最后向串口输出一串字符串信息。

2. 画出串口输出字符串流程图。

任务二　终端节点加入网络串口通信应用

任务描述

通过完成任务一，实现了用串口通信方式向 PC 端输出一个字符串信息。本任务要求协调器加电组建网络成功后点亮两盏 LED 灯。

终端设备模块加入无线传感网络成功后，终端节点模块开始周期性地通过单播方式无线发送字符串信息。字符串信息到达协调器模块后，协调器通过串口通信将字符串信息在 PC 端实时显示。

任务分析

本任务分为两部分：

一方面当网关模块加电启动运行时，CC2530 的无线通信模块开始组建无线传感网络，当网络运行状态为协调器网络状态时，触发系统事件，点亮两盏 LED 灯，表示网关模块已成为协调器。

另一方面将终端设备模块加电运行加入无线传感网络，当网络状态变成终端节点角色之后，终端节点模块开始周期性通过单播方式无线发送字符串信息，最后到达协调器模块后调用 SampleApp_MessageMSGCB() 函数收到字符信息，通过串口通信在 PC 端实时显示。终端节点模块加入网络发送字符串信息流程图如图 4-7 所示。

项目 四　无线传感网络串口通信应用

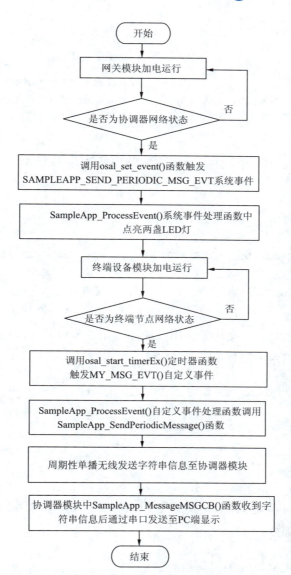

图 4-7　终端节点模块加入网络发送字符串信息流程图

任务实施

1. 运行 Z-Stack 协议栈工程项目

任务实施请参照项目二任务一的步骤。

2. 编写项目功能代码

（1）在 SampleApp_Init() 函数中初始化串口通信。主要功能代码实现参见粗体字部分：

```
void SampleApp_Init( uint8 task_id )
{
  SampleApp_TaskID=task_id;
```

83

```
    SampleApp_NwkState=DEV_INIT;
    SampleApp_TransID=0;                        这里是需要添加的

    MT_UartInit();                              //MT 层串口初始化函数
    MT_UartRegisterTaskID(task_id);             //向应用任务 ID 登记串口事件

}
```

(2) 打开 MT_UART.h 头文件,将串口波特率修改为 115200,主要功能代码实现参见粗体字部分:

```
#if !defined MT_UART_DEFAULT_BAUDRATE
                                                    这里是需要修改的
#define MT_UART_DEFAULT_BAUDRATE        HAL_UART_BR_115200

#endif
```

(3) 打开 MT_UART.h 头文件,将串口流控关闭,串口通信只用 RX 和 TX 两根线。主要功能代码实现参见粗体字部分:

```
#if !defined( MT_UART_DEFAULT_OVERFLOW )
                                                    这里是需要修改的
#define MT_UART_DEFAULT_OVERFLOW        FALSE

#endif
```

(4) 在 SampleApp_Init() 函数中初始化 P1.0 和 P1.1 两盏 LED 灯,使之熄灭。主要功能代码实现参见粗体字部分:

```
void SampleApp_Init( uint8 task_id )
{
    SampleApp_TaskID=task_id;
    SampleApp_NwkState=DEV_INIT;
    SampleApp_TransID=0;

    P1SEL &=~0x03;
    P1DIR |=0x03;
    P1_0=0;                 // 初始化熄灭 P1.0 灯        这里是需要添加的
    P1_1=0;                 // 初始化熄灭 P1.1 灯

}
```

(5) 打开 SampleApp.h 头文件,添加自定义事件 MY_MSG_EVT。主要功能代码实现

参见粗体字部分：

```
#define SAMPLEAPP_ENDPOINT                20
#define SAMPLEAPP_PROFID                  0x0F08
#define SAMPLEAPP_DEVICEID                0x0001
#define SAMPLEAPP_DEVICE_VERSION          0
#define SAMPLEAPP_FLAGS                   0
#define SAMPLEAPP_MAX_CLUSTERS            2
#define SAMPLEAPP_PERIODIC_CLUSTERID      1
#define SAMPLEAPP_FLASH_CLUSTERID         2
// 发送消息超时
#define SAMPLEAPP_SEND_PERIODIC_MSG_TIMEOUT   5000   // 每5秒
// 应用程序事件（OSAL）-这些是位加权定义
#define SAMPLEAPP_SEND_PERIODIC_MSG_EVT       0x0001

#define MY_MSG_EVT                            0x0002
// Flash 命令的组 ID
#define SAMPLEAPP_FLASH_GROUP                 0x0001
// 闪存命令持续时间，以毫秒为单位
#define SAMPLEAPP_FLASH_DURATION              1000
```

（这里是需要添加的）

（6）在 ZDO_STATE_CHANGE 网络状态改变消息处理中调用 osal_set_event() 函数触发协调器的 SAMPLEAPP_SEND_PERIODIC_MSG_EVT 系统事件和调用 osal_start_timerEx() 定时器函数触发 MY_MSG_EVT 自定义事件。主要功能代码实现参见粗体字部分：

```
uint16 SampleApp_ProcessEvent( uint8 task_id, uint16 events )
{
  afIncomingMSGPacket_t *MSGpkt;
  (void)task_id;    // 有意未引用的参数
  if ( events & SYS_EVENT_MSG )
  {
    MSGpkt=(afIncomingMSGPacket_t *)osal_msg_receive( SampleApp_TaskID );
    while( MSGpkt )
    {
      switch ( MSGpkt->hdr.event )
      {
        case ZDO_STATE_CHANGE:
          SampleApp_NwkState=(devStates_t)(MSGpkt->hdr.status);
          if (SampleApp_NwkState==DEV_ZB_COORD)
          {
            osal_set_event( SampleApp_TaskID,SAMPLEAPP_SEND_PERIODIC_MSG_EVT);
          }
          if (SampleApp_NwkState == DEV_END_DEVICE)
```

（这里是需要添加的）

```
            {
              P0SEL &= ~0x80;
              P0DIR |=0x80;
              P0_7 =0;                 //低电平点亮协调器 P0.7 灯
              osal_start_timerEx( SampleApp_TaskID,MY_MSG_EVT,SAMPLEAPP_SEND_
PERIODIC_MSG_TIMEOUT );
            }
```

这里是需要添加的

```
        break;
        default:
        break;
      }
      osal_msg_deallocate((uint8 *)MSGpkt);
      MSGpkt=(afIncomingMSGPacket_t *)osal_msg_receive(SampleApp_TaskID);
    }
    return (events ^ SYS_EVENT_MSG);
  }
  return 0;
}
```

(7) 在 SampleApp_ProcessEvent() 系统事件处理函数中，一旦协调器组建网络成功之后，将协调器上的 P1.0 和 P1.1 引脚所对应的 LED 灯点亮，主要功能代码实现参见粗体字部分：

```
uint16 SampleApp_ProcessEvent( uint8 task_id, uint16 events )
{
  afIncomingMSGPacket_t *MSGpkt;
  (void)task_id;    // 有意未引用的参数
...
  if ( events & SAMPLEAPP_SEND_PERIODIC_MSG_EVT)
  {
    P1SEL &= ~0x03;
    P1DIR |=0x03;
    P1_0=1;             //高电平点亮协调器 P1.0 灯
    P1_1=1;             //高电平点亮协调器 P1.1 灯
    return (events ^ SAMPLEAPP_SEND_PERIODIC_MSG_EVT);
  }
}
```

这里是需要添加的

(8) 在 SampleApp_ProcessEvent() 自定义 MY_MSG_EVT 事件处理函数中，先调用 SampleApp_SendPeriodicMessage() 函数，在 osal_start_timerEx() 定时器函数触发 MY_MSG_EVT 自定义事件，表示周期性地调用 SampleApp_SendPeriodicMessage() 函数。主要功能代码实现参见粗体字部分：

```
uint16 SampleApp_ProcessEvent( uint8 task_id, uint16 events )
{
```

```
    afIncomingMSGPacket_t *MSGpkt;
    if ( events & MY_MSG_EVT )
    {
      SampleApp_SendPeriodicMessage();
      osal_start_timerEx( SampleApp_TaskID,MY_MSG_EVT,SAMPLEAPP_SEND_
PERIODIC_MSG_TIMEOUT );
      return (events ^ MY_MSG_EVT);
    }
    (void)task_id;       // 有意未引用的参数
                         // 放弃未知事件
    return 0;
}
```
（这里是需要添加的）

（9）在 SampleApp_SendPeriodicMessage() 函数中，调用无线发送函数单播方式字符串信息至协调器模块。主要功能代码实现参见粗体字部分：

```
void SampleApp_SendPeriodicMessage( void )
{
  uint8 theMessageData[4]={'2','0','1','9'};
  SampleApp_Periodic_DstAddr.addrMode=(afAddrMode_t)Addr16Bit;
  SampleApp_Periodic_DstAddr.addr.shortAddr=0x0000;//接收模块协调器的网络地址
  SampleApp_Periodic_DstAddr.endPoint =SAMPLEAPP_ENDPOINT;//接收模块的端点号
  AF_DataRequest( &SampleApp_Periodic_DstAddr, &SampleApp_epDesc,
      SAMPLEAPP_PERIODIC_CLUSTERID,
      4,                    //发送字符的长度
      theMessageData,       //字符串内容数组的首地址
      &SampleApp_TransID,
      AF_DISCV_ROUTE,
      AF_DEFAULT_RADIUS );
}
```
（这里是需要添加的）

（10）协调器模块收到终端节点模块周期性无线发送过来的字符串信息之后，调用 SampleApp_MessageMSGCB() 函数进行接收，并通过串口通信在 PC 端实时显示。主要功能代码实现参见粗体字部分：

```
void SampleApp_MessageMSGCB( afIncomingMSGPacket_t *pkt )
{
  uint16 flashTime;
  switch ( pkt->clusterId )
  {
    case SAMPLEAPP_PERIODIC_CLUSTERID:
      HalUARTWrite(0,"received data\n",14);
      HalUARTWrite(0, &pkt->cmd.Data[0],4);   // 串口打印收到数据
      HalUARTWrite(0,"\n",1);                 //回车换行
```
（这里是需要添加的）

```
        }
    }
```

(11) 打开 hal_board_cfg.h 头文件，将系统所设置的宏定义 LED 参数 HAL_LED 改为 FALSE，表示采用自定义 LED 功能。主要功能代码实现参见粗体字部分：

```
/* 设置为 TRUE 启用密钥用法，设置为 FALSE 禁用它
    ifndef HAL_LED
#define HAL_LED FALSE          这里是需要修改的
    #endif
```

3. 下载程序至网关模块

(1) 本次实验用到两个模块：继电器模块作为协调器；人体红外模块作为终端。将模块通过仿真器连接到计算机上，按下仿真器上的按钮，仿真器变成绿灯，参见图 2-8。

(2) 下载协调器模块程序：选择 CoordinatorEB 选项卡，单击"编译"按钮编译工程，然后单击绿色三角按钮下载程序到模块，如图 4-8 所示。

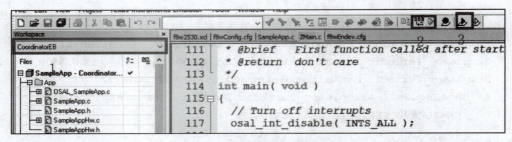

图 4-8 下载协调器模块程序

(3) 下载终端模块程序：选择 EndDeviceEB 选项卡，单击"编译"按钮编译工程，然后单击绿色三角按钮下载程序到模块，如图 4-9 所示。

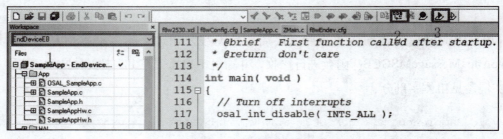

图 4-9 下载终端模块程序

(4) 按下协调器模块的按键，观察实验现象，如图 4-10 所示。

项目 四　无线传感网络串口通信应用

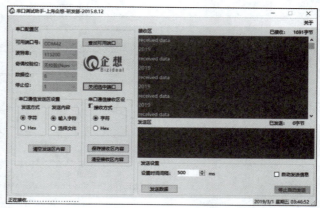

图 4-10　观察实验现象

任务思考

当网关模块加电启动运行时，CC2530 的无线通信模块开始组建_____网络，当网络运行状态为协调器网络状态时，触发系统事件，点亮两盏 LED 灯，表示网关模块已成为协调器。另一方面，将终端设备模块加电运行加入无线传感网络，当网络状态变成终端节点角色之后，终端节点模块开始周期性通过_____方式无线发送字符串信息，最后到达协调器模块后调用 SampleApp_MessageMSGCB() 函数收到字符信息，通过串口通信在 PC 端实时显示。

任务三　协调器串口通信无线控制终端节点设备应用

任务描述

本任务要求 PC 端通过串口发送字符串信息至协调器，然后协调器收到之后再以广播方式无线发送至终端节点模块。到达终端节点模块后，控制风扇的运行和停止操作。

任务分析

本任务分为两部分：

一方面当网关模块加电启动运行时，CC2530 的无线通信模块开始组建无线传感网络，当网络运行状态为协调器网络状态时，触发系统事件，点亮两盏 LED 灯，表示网关模块已成为协调器。

另一方面将终端设备模块起电加入无线传感网络，当网络状态变成终端节点角色之后，PC 端通过串口通信方式发送字符串至协调器模块，协调器模块收到之后再以广播方式无线发送字符串信息，最后到达终端界面模块控制风扇的运行和停止操作，如图 4-11 所示。

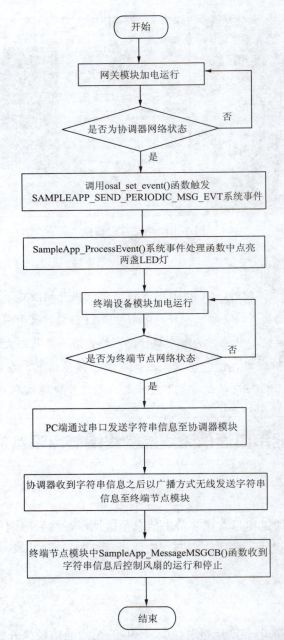

图 4-11 协调器串口发送信息无线控制风扇流程图

任务实施

1. 运行 Z-Stack 协议栈工程项目

任务实施请参照项目二任务一的步骤。

2. 编写项目功能代码

(1) 在 SampleApp_Init() 函数中初始化协调器模块 P1.0 和 P1.1 两盏 LED 灯，使之熄灭。主要功能代码实现参见粗体字部分：

```
void SampleApp_Init( uint8 task_id )
{
  SampleApp_TaskID=task_id;
  SampleApp_NwkState=DEV_INIT;
  SampleApp_TransID=0;
  P1SEL &=~0x0f;
  P1DIR |=0x0f;
  P0SEL &=~0x80;
  P0DIR |=0x80;
  P1_0=1;          // 初始化熄灭 P1.0 灯
  P1_1=1;          // 初始化熄灭 P1.1 灯
  P0_7=1;          // 初始化熄灭 P0.7 灯
  P1_2=0;          // 直流电动机引脚 1
  P1_3=0;          // 直流电动机引脚 2
}
```

这里是需要添加的

(2) 在 SampleApp_Init() 函数中定义串口结构图变量，然后通过赋值配置串口相关参数，如波特率、流控及串口回调函数。主要功能代码实现参见粗体字部分：

```
void SampleApp_Init( uint8 task_id )
{
  SampleApp_TaskID=task_id;
  SampleApp_NwkState=DEV_INIT;
  SampleApp_TransID=0;
  h halUARTCfg_t uartConfig;                        // 定义个串口结构体
  uartConfig.configured=TRUE;                       // 串口配置为真
  uartConfig.baudRate=HAL_UART_BR_115200;           // 波特率为 115200
  uartConfig.flowControl=FALSE;                     // 流控制为假
  uartConfig.callBackFunc=rxCB;                     // 定义串口回调函数，就是当模块接收
                                                    // 从串口到外围设备的数据时，会调用这个函数进行处理
  HalUARTOpen(HAL_UART_PORT_0,&uartConfig);         // 打开串口 0
  …
}
```

这里是需要添加的

(3) 打开 SampleApp.c 文件，添加串口回调函数的声明。主要功能代码实现参见粗体字部分：

```
* 局部函数
*/
void SampleApp_HandleKeys( uint8 shift, uint8 keys );
```

```
    void SampleApp_MessageMSGCB( afIncomingMSGPacket_t *pckt );
    void SampleApp_SendPeriodicMessage( void );
    void SampleApp_SendFlashMessage( uint16 flashTime );      // 这里是需要添加的
    static void rxCB(uint8 port,uint8 event);          // 声明串口回调函数
```

(4) 在 ZDO_STATE_CHANGE 网络状态改变消息处理中调用 osal_set_event() 函数触发协调器的 SAMPLEAPP_SEND_PERIODIC_MSG_EVT 系统事件。终端设备连接上协调器后进行网络参数的初始化。主要功能代码实现参见粗体字部分:

```
uint16 SampleApp_ProcessEvent( uint8 task_id, uint16 events )
{
  afIncomingMSGPacket_t *MSGpkt;
  (void)task_id;    // 有意未引用的参数
  if ( events & SYS_EVENT_MSG )
  {
    MSGpkt=(afIncomingMSGPacket_t *)osal_msg_receive( SampleApp_TaskID );
    while( MSGpkt )
    {
      switch ( MSGpkt->hdr.event )
      {
        case ZDO_STATE_CHANGE:
          SampleApp_NwkState=(devStates_t)(MSGpkt->hdr.status);
          break;
          if (SampleApp_NwkState==DEV_ZB_COORD)
          {
           osal_set_event( SampleApp_TaskID,SAMPLEAPP_SEND_PERIODIC_MSG_EVT);
          }
          if ( SampleApp_NwkState==DEV_END_DEVICE )
          {
            P0_7=0;        // 初始化熄灭 P0.7 灯
            P1_0=1;        // 初始化熄灭 P1.0 灯
            P1_1=1;        // 初始化熄灭 P1.1 灯
            P1_2=0;        // 直流电动机引脚 1
            P1_3=0;        // 直流电动机引脚 2

          }                                     // 这里是需要修改的
        default:
        break;
      }
      osal_msg_deallocate( (uint8 *)MSGpkt );
      MSGpkt=(afIncomingMSGPacket_t *)osal_msg_receive( SampleApp_TaskID );
    }
  return (events ^ SYS_EVENT_MSG);
```

```
    }
    return 0;
}
```

（5）在 SampleApp_ProcessEvent() 系统事件处理函数中，协调器组建网络成功之后，将协调器上的 P1.0 和 P1.1 引脚所对应的 LED 灯点亮。主要功能代码实现参见粗体字部分：

```
uint16 SampleApp_ProcessEvent( uint8 task_id, uint16 events )
{
  afIncomingMSGPacket_t *MSGpkt;
  (void)task_id;     // 有意未引用的参数
  ...
  if( events & SAMPLEAPP_SEND_PERIODIC_MSG_EVT)
  {
    P1SEL&=~0x03;
    P1DIR |=0x03;
    P1_0=0;        // 低电平点亮协调器 P1.0 灯
    P1_1=0;        // 低电平点亮协调器 P1.1 灯
    return (events ^ SAMPLEAPP_SEND_PERIODIC_MSG_EVT);
  }
}
```

> 这里是需要修改的

（6）每当协调器从 PC 端串口收到数据时，就会自动调用这个函数，以广播方式无线发送至终端节点模块，主要功能代码实现如下：

```
static void rxCB(uint8 port,uint8 event)
{
  uint8 uartbuf[2];
  HalUARTRead(0,uartbuf,3);           // 从串口读取两字节的数据到 uartbuf 中
  SampleApp_Periodic_DstAddr.addrMode=(afAddrMode_t)AddrBroadcast;
  SampleApp_Periodic_DstAddr.endPoint=SAMPLEAPP_ENDPOINT;
  SampleApp_Periodic_DstAddr.addr.shortAddr=0xFFFF;
    AF_DataRequest( &SampleApp_Periodic_DstAddr, &SampleApp_epDesc,
      SAMPLEAPP_PERIODIC_CLUSTERID,2,       //发送字符的长度
      uartbuf,                              // 字符串内容数组的首地址
      &SampleApp_TransID,
      AF_DISCV_ROUTE,
      AF_DEFAULT_RADIUS );
}
```

> 这里是需要修改的

（7）一旦终端节点模块收到协调器无线发送过来的字符串信息之后，调用 SampleApp_MessageMSGCB() 函数进行接收，通过字符判断以控制风扇的运行和停止。主要功能代码实现参见粗体字部分：

```
void SampleApp_MessageMSGCB ( afIncomingMSGPacket_t *pkt )
```

```
{
  uint16 flashTime;
  switch ( pkt->clusterId )
  {
    case SAMPLEAPP_PERIODIC_CLUSTERID:
      if(pkt->cmd.Data[0]=='2'&pkt->cmd.Data[1]=='1')
      {
         P1_3 =1;              // 直流电动机开
      }
         if(pkt->cmd.Data[0]=='2'&pkt->cmd.Data[1]=='0')
      {
         P1_3=0;               // 直流电动机关
      }
    ...
  }
}
```

（这里是需要添加的）

（8）打开 hal_board_cfg.h 头文件，将系统所设置的宏定义 LED 参数 HAL_LED 改为 FALSE，表示采用自定义 LED 功能。主要功能代码实现参见粗体字部分：

```
// 设置为 TRUE 启用密钥用法，设置为 FALSE 禁用它
  ifndef HAL_LED
  #define HAL_LED FALSE
  #endif
```

（这里是需要修改的）

3. 下载程序至网关模块

（1）本实验用到两个模块：继电器模块作为协调器；直流电动机模块作为终端。将模块通过仿真器连接到计算机上，按下仿真器上的按钮，仿真器变成绿灯，参见图2-8。

（2）下载协调器模块程序：选择 CoordinatorEB 选项卡，单击"编译"按钮编译工程，然后单击绿色三角按钮下载程序到模块，如图 4-12 所示。

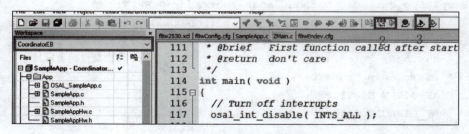

图 4-12　下载协调器模块程序

（3）下载终端模块程序：选择 EndDeviceEB 选项卡，单击"编译"按钮编译工程，然后单击绿色三角按钮下载程序到模块，如图 4-13 所示。

项目 四 无线传感网络串口通信应用

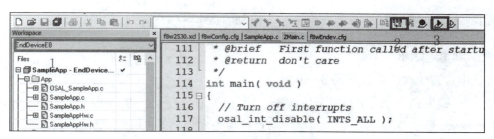

图 4-13 下载终端模块程序

（4）按下协调器模块的按键，串口调试助手发送 21，直流电动机开启；串口调试助手发送 20，直流电动机停止。观察实验现象，如图 4-14 所示。

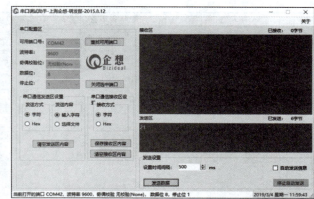

图 4-14 观察实验现象

任务思考

物联网设备的网关模块主要包括基于 CC2530 的无线通信模块、按键和 LED 指示灯，同时终端设备模块包括相关传感器及控制机构。一方面，当网关模块加电启动运行时，CC2530 的 _____ 模块开始组建无线传感网络，当网络运行状态为协调器网络状态时，触发系统事件，点亮 _____ LED 灯，表示网关模块已成为 _____ 。另一方面，将终端设备模块加电运行加入无线传感网络，当网络状态变成终端节点角色之后，PC 端通过 _____ 方式发送字符串至协调器模块，协调器模块收到之后再以广播方式无线发送字符串信息，最后到达终端界面模块控制风扇的运行和停止操作。

拓展训练

训练描述

通过项目四的 3 个任务，同学们已经掌握了协调器节点串口和终端节点的串口通信机制。这里在协调器组建网络成功之后，将终端设备模块加入无线传感网络。成功加入网络之后，PC 端通过串口发送字符串信息至协调器，然后协调器收到之后再以广播方式无线发送至终端节点模块，最后到终端节点模块后，控制两盏 LED 灯的运行和停止操作。

训练要求

（1）串口通信波特率设置为 9 600。

（2）PC 端发送 "ON" 字符串至协调器之后，协调器通过无线传感网络发送至终端节点，终端节点收到 "ON" 字符串之后，在终端节点模块上实现两盏 LED 灯的流水灯控制。

（3）PC 端发送 "OFF" 字符串至协调器之后，协调器通过无线传感网络发送至终端节点，终端节点收到 "OFF" 字符串之后，在终端节点模块上实现两盏 LED 灯的熄灭。

项目报告

课程名称	无线传感网技术与应用	项目名称	无线传感网络串口通信应用		班级	
姓名		小组成员	组长：	组员：		组员：
学号			组员：	组员：		组员：
项目报告	(报告必须包含以下几点：一、项目目的；二、项目计划；三、项目实施过程；四、项目总结；五、体会。可附页)					

项目 四 无线传感网络串口通信应用

续表

项目报告	

日期：		年　月　日
项目成员签名：		

项目评价表

评价要素		分值	学生自评 30%	项目组互评 20%	教师评分 50%	各项总分	合计总分
协调器组网串口通信应用	完成代码	10					
	完成协调器组网串口通信	10					
终端节点加入网络串口通信应用	完成代码	10					
	完成终端节点加入网络串口通信	10					
协调器串口通信无线控制终端节点设备应用	完成代码	10					
	完成协调器串口通信无线控制终端节点设备	10					
拓展训练	完成拓展训练	10					
项目总结报告		10	教师评价				
素质考核	工作操守	5					
	学习态度	5					
	合作与交流	5					
	出勤	5					

学生自评签名：

日期：

项目组互评签名：

日期：

教师签名：

日期：

补充说明：

项目五
温度采集风扇联动控制应用

项目背景

随着物联网技术的不断普及,各式的传感器已经在各行各业广泛应用:温度采集、检测、工业自动化控制系统,汽车传感器、家用电器传感器,移动医疗传感器、航空航天及遥感技术等。传感器是实现自动检测和自动控制的首要环节,能感受到被测量的信息,并能将检测感受到的信息按一定规律变换成电信号或其他所需形式的信息输出,以满足信息的传输、处理、存储、显示、记录和控制等要求。特别是无线温度传感器,在实际生活、生产、工作、各场景应用较为广泛,无须布线,安装便捷,即插即用,适用于各种管网、管道、管沟、气象、农业大棚、养殖场、仓储馆藏、冷藏冰柜、实验室、机房、生产车间等环境的温度实时采集。利用无线传输技术可实现现场或远程监测和预警,自动化联动控制,随时了解温度的变化情况,确保各设备的运行正常。图 5-1 所示为无线温度传感器应用示意图和现场图。

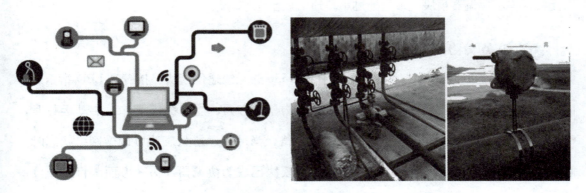

图 5-1　无线温度传感器应用示意图和现场图

本项目介绍温度传感器的数据采集、组网原理、联动控制操作。通过设置协调器,终端节点将传感器采集的温度数据发送给协调器,协调器通过串口将数据传送给计算机,通过计算机可以进行数据的处理。

学习目标

- 能正确使用设备通过串口通信获取温度采集信息；
- 理解温度传感器和协调器的组网原理；
- 掌握湿度传感器采集程序的功能结构；
- 掌握湿度传感器采集程序功能设计；
- 掌握湿度传感器采集程序的功能实现；
- 掌握湿度传感器采集和风扇联动控制程序调试和运行。

任务一　终端节点温度采集协调器串口通信显示

任务描述

在项目四的任务三中通过协调器组建网络成功之后，将终端设备模块加入无线传感网络。成功加入网络之后，PC端通过串口发送字符串信息至协调器，然后协调器收到之后再以广播方式无线发送至终端节点模块，以控制风扇的运行和停止操作。本任务中将终端设备模块加入无线传感网络后，终端节点模块开始周期性地采集温度传感器数据，然后以单播方式无线发送至协调器模块，最后通过串口通信显示在PC端。

任务分析

物联网设备的网关模块主要包括基于CC2530的无线通信模块、按键和LED指示灯，同时终端设备模块包括相关传感器及控制机构。一方面，当网关模块加电启动运行时，CC2530的无线通信模块开始组建无线传感网络，当网络运行状态为协调器网络状态时，触发系统事件，点亮两盏LED灯，表示网关模块已成为协调器。另一方面，将终端设备模块加电运行加入无线传感网络，当网络状态变成终端节点角色之后，终端节点模块开始周期性通过单播方式无线发送温度数据信息，最后到达协调器模块后调用SampleApp_MessageMSGCB()函数收到温度信息，通过串口通信在PC端实时显示，如图5-2所示。

项目 五　温度采集风扇联动控制应用

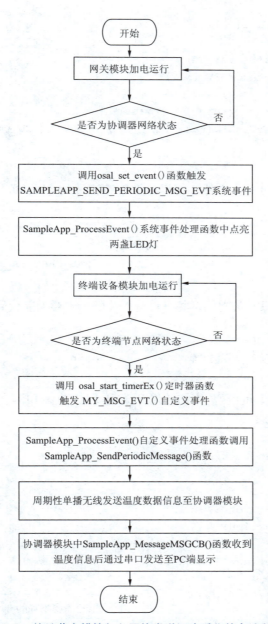

图 5-2　终端节点模块加入网络发送温度采集信息流程图

任务实施

1. 运行 Z-Stack 协议栈工程项目

任务实施请参照项目二任务一的步骤

2. 编写项目功能代码

（1）在 SampleApp_Init() 函数中初始化串口通信。主要功能代码实现参见粗体字部分：

```
void SampleApp_Init( uint8 task_id )
{
  SampleApp_TaskID=task_id;
  SampleApp_NwkState=DEV_INIT;
  SampleApp_TransID=0;
  MT_UartInit();           //MT 层串口初始化函数
  MT_UartRegisterTaskID(task_id);      // 向应用任务 ID 登记串口事件
  ...
}
```

这里是需要添加的

(2) 打开 MT_UART.h 头文件，将串口波特率修改为 115200。主要功能代码实现参见粗体字部分：

```
#if !defined MT_UART_DEFAULT_BAUDRATE
#define MT_UART_DEFAULT_BAUDRATE        HAL_UART_BR_115200
#endif
```

这里是需要修改的

(3) 打开 MT_UART.h 头文件，将串口流控关闭。主要功能代码实现参见粗体字部分：

```
#if !defined( MT_UART_DEFAULT_OVERFLOW )
#define MT_UART_DEFAULT_OVERFLOW        FALSE
#endif
```

这里是需要修改的

(4) 在 SampleApp_Init() 函数中初始化 P1.0 和 P1.1 两盏 LED 灯，使之熄灭。主要功能代码实现参见粗体字部分：

```
void SampleApp_Init( uint8 task_id )
{
  SampleApp_TaskID=task_id;
  SampleApp_NwkState=DEV_INIT;
  SampleApp_TransID=0;
  MT_UartInit();           //MT 层串口初始化函数
  MT_UartRegisterTaskID(task_id);      // 向应用任务 ID 登记串口事件

  P1SEL &=~0x03;
  P1DIR |=0x03;
  P1_0=1;       // 初始化熄灭 P1.0 灯
  P1_1=1;       // 初始化熄灭 P1.1 灯
}
```

这里是需要添加的

(5) 打开 SampleApp.h 头文件，添加自定义事件 MY_MSG_EVT。主要功能代码实现参见粗体字部分：

```
#define SAMPLEAPP_ENDPOINT              20
#define SAMPLEAPP_PROFID                0x0F08
#define SAMPLEAPP_DEVICEID              0x0001
#define SAMPLEAPP_DEVICE_VERSION        0
```

```
#define SAMPLEAPP_FLAGS                       0
#define SAMPLEAPP_MAX_CLUSTERS                2
#define SAMPLEAPP_PERIODIC_CLUSTERID          1
#define SAMPLEAPP_FLASH_CLUSTERID             2
// 发送消息超时
#define SAMPLEAPP_SEND_PERIODIC_MSG_TIMEOUT   5000
// 应用程序事件（OSAL），这些是位加权定义
#define SAMPLEAPP_SEND_PERIODIC_MSG_EVT       0x0001
#define MY_MSG_EVT                            0x0002

// Flash 命令的组 ID
#define SAMPLEAPP_FLASH_GROUP                 0x0001
// 闪存命令持续时间，以毫秒为单位
#define SAMPLEAPP_FLASH_DURATION              1000
```

这里是需要添加的

（6）在 ZDO_STATE_CHANGE 网络状态改变消息处理中调用 osal_set_event() 函数触发协调器的 SAMPLEAPP_SEND_PERIODIC_MSG_EVT 系统事件和调用 osal_start_timerEx() 定时器函数触发 MY_MSG_EVT 自定义事件。主要功能代码实现参见粗体字部分：

```
uint16 SampleApp_ProcessEvent( uint8 task_id, uint16 events )
{
afIncomingMSGPacket_t *MSGpkt;
(void)task_id;    // 有意未引用的参数
if ( events & SYS_EVENT_MSG )
{
MSGpkt=(afIncomingMSGPacket_t *)osal_msg_receive( SampleApp_TaskID );
while ( MSGpkt )
{
switch ( MSGpkt->hdr.event )
{
…
case ZDO_STATE_CHANGE:
SampleApp_NwkState=(devStates_t)(MSGpkt->hdr.status);
if (SampleApp_NwkState==DEV_ZB_COORD)
{
  osal_set_event( SampleApp_TaskID,SAMPLEAPP_SEND_PERIODIC_MSG_EVT);
}
if (SampleApp_NwkState==DEV_END_DEVICE)
{
  osal_start_timerEx( SampleApp_TaskID,
  MY_MSG_EVT,
  SAMPLEAPP_SEND_PERIODIC_MSG_TIMEOUT );
}
break;
```

这里是需要添加的

```
    default:
    break;
    }
    osal_msg_deallocate( (uint8 *)MSGpkt );
    MSGpkt=(afIncomingMSGPacket_t *)osal_msg_receive( SampleApp_TaskID );
  }
  return (events ^ SYS_EVENT_MSG);
}
return 0;
}
```

(7) 在 SampleApp_ProcessEvent() 系统事件处理函数中，一旦协调器组建网络成功之后，将协调器上的 P1.0 和 P1.1 引脚所对应的 LED 灯点亮。主要功能代码实现参见粗体字部分：

```
uint16 SampleApp_ProcessEvent( uint8 task_id, uint16 events )
{
  afIncomingMSGPacket_t *MSGpkt;
  (void)task_id;    // 有意未引用的参数
  …
  if ( events & SAMPLEAPP_SEND_PERIODIC_MSG_EVT)
  {
    P1SEL &=~0x03;
    P1DIR |=0x03;
    P1_0 =0;        // 低电平点亮协调器 P1.0 灯
    P1_1 =0;        // 低电平点亮协调器 P1.1 灯
    return (events ^ SAMPLEAPP_SEND_PERIODIC_MSG_EVT);
  }
}
```

（这里是需要添加的）

(8) 在 SampleApp_ProcessEvent() 自定义 MY_MSG_EVT 事件处理函数中，先调用 SampleApp_SendPeriodicMessage() 函数，在 osal_start_timerEx() 定时器函数触发 MY_MSG_EVT 自定义事件，表示周期性地调用 SampleApp_SendPeriodicMessage() 函数。主要功能代码实现参见粗体字部分：

```
uint16 SampleApp_ProcessEvent( uint8 task_id, uint16 events )
{
afIncomingMSGPacket_t *MSGpkt;
(void)task_id;    // 有意未引用的参数
…

if ( events & MY_MSG_EVT )
{
  P1_0=0;           // 低电平点亮 P1.0 灯
  P1_1=~P1_1;       //P1.1 灯闪烁
```

（这里是需要添加的）

```
SampleApp_SendPeriodicMessage();
osal_start_timerEx( SampleApp_TaskID,
MY_MSG_EVT,
SAMPLEAPP_SEND_PERIODIC_MSG_TIMEOUT );
return (events ^ MY_MSG_EVT);
}
```
这里是需要添加的

```
  return 0;
}
```

(9) 在 SampleApp_SendPeriodicMessage() 函数中,终端节点模块调用 getTemperature 函数采集温度数据,然后调用无线发送函数函数单播方式发送温度信息至协调器模块。主要功能代码实现参见粗体字部分:

```
void SampleApp_SendPeriodicMessage(void)
{
  uint8 T_H[4];              //温度
  char i;
  float AvgTemp;
  initTempSensor();          // 初始化 ADC
  AvgTemp=0;
  for(i=0; i<6;i++)
  {
    AvgTemp+=getTemperature();
    AvgTemp=AvgTemp/2;                              //每次累加后除以 2
  }
  /**** 温度转换成 ascii 码发送 ****/
  T_H[0]=(unsigned char)(AvgTemp)/10+48;            //十位
  T_H[1]=(unsigned char)(AvgTemp)%10+48;            //个位
  T_H[2]=(unsigned char)(AvgTemp*10)%10+48;         //十分位
  T_H[3]=(unsigned char)(AvgTemp*100)%10+48;        //百分位
  SampleApp_Periodic_DstAddr.addrMode=(afAddrMode_t)Addr16Bit;
  SampleApp_Periodic_DstAddr.addr.shortAddr=0x0000;// 接收模块协调器的网络地址
  SampleApp_Periodic_DstAddr.endPoint =SAMPLEAPP_ENDPOINT;// 接收模块的端点号
  AF_DataRequest( &SampleApp_Periodic_DstAddr, &SampleApp_epDesc,
      SAMPLEAPP_PERIODIC_CLUSTERID,
      4,       //发送的长度
      T_H,     //数组的首地址
      &SampleApp_TransID,
      AF_DISCV_ROUTE,
      AF_DEFAULT_RADIUS );
}
```

然后在 void SampleApp_SendPeriodicMessage(void) 函数的上面添加：

```
void initTempSensor(void)
{
  //IEN0=IEN1=IEN2=0X00;        // 关闭所有中断
  TR0=0X01;          // 设置 "1" 以将温度传感器连接到 SOC_ADC
  ATEST=0X01;        // 启用温度传感器
}

float getTemperature(void)
{
  uint value;
  ADCCON3=(0x3E);                      //选择 1.25V 为参考电压；12 位分辨率；
                                       //对片内温度传感器采样
  ADCCON1 |= 0x30;                     //选择 ADC 的启动模式为手动
  ADCCON1 |= 0x40;                     //启动 AD 转化
  while(!(ADCCON1 & 0x80));            //等待 AD 转换完成
  value=ADCL >> 4;                     //ADCL 寄存器低 4 位无效
  value|=(((uint16)ADCH) << 4);
  return (value-1367.5)/4.5+15;        //根据 AD 值，计算出实际的温度，芯片、
                                       //手册有错，温度系数应该是 4.5/℃
                             //进行温度校正，这里减去 4℃（不同芯片根据具体情况校正）
}
```

（10）协调器模块收到终端节点模块周期性无线发送过来的温度信息之后，调用 SampleApp_MessageMSGCB() 函数进行接收，并通过串口通信在 PC 端实时显示。主要功能代码实现参见粗体字部分：

```
void SampleApp_MessageMSGCB( afIncomingMSGPacket_t *pkt )
{
uint16 flashTime;
  switch ( pkt->clusterId )
  {
    case SAMPLEAPP_PERIODIC_CLUSTERID:
    HalUARTWrite(0"temp=",5);
    HalUARTWrite(0,&pkt->cmd.Data[0],2); // 串口打印收到温度数据
    HalUARTWrite(0,"\n",1);    // 回车换行
    HalUARTWrite(0,&pkt->cmd.Data[2],2); // 串口打印收到湿度数据
    HalUARTWrite(0,"\n",1);    // 回车换行

    ...
    }
}
```

这里是需要添加的

3. 下载程序至网关模块和终端节点模块

（1）本实验用到两个模块：继电器模块作为协调器；直流电动机模块作为终端。将模块通过仿真器连接到计算机上，按下仿真器上的按钮，仿真器变成绿灯，参见图2-8。

（2）下载协调器模块程序：选择 CoordinatorEB 选项卡，单击"编译"按钮编译工程，然后单击绿色三角按钮下载程序到模块，如图5-3所示。

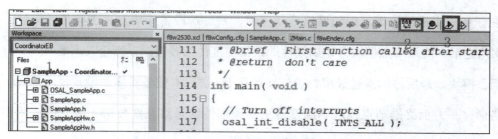

图 5-3 下载协调器模块程序

（3）下载终端模块程序：选择 EndDeviceEB 选项卡，单击"编译"按钮编译工程，然后单击绿色三角按钮下载程序到模块，如图5-4所示。

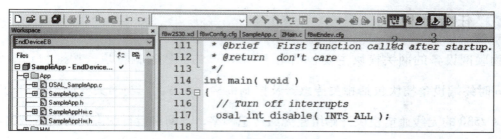

图 5-4 下载终端模块程序

任务思考

温度传感器和协调器组网原理，通过设备网关，基于 CC2530 的无线通信模块、按键和 LED 指示灯，终端设备模块包括_____和_____。当网关模块加电启动运行时，CC2530 的无线通信模块开始组建_____网络，当网络运行状态为_____状态时，触发_____系统事件，点亮两盏 LED 灯，表示网关模块已成为协调器。当终端设备模块加电运行加入_____网络，网络状态变成_____角色之后，终端节点模块开始周期性地通过单播方式无线发送温度数据信息，最后到达协调器模块后调用_____函数收到温度信息，通过串口通信在 PC 端实时显示。

任务二　温度采集风扇联动控制应用

任务描述

在任务一中通过协调器组建网络成功之后，将终端设备模块加入无线传感网络。成功加入网络之后，终端节点模块开始周期性地采集温度传感器数据，然后以单播方式无线发送至协调器模块，最后协调器通过串口通信显示在 PC 端。本任务将终端设备模块加入无线传感网络后，一方面终端节点模块中温度传感器周期性地采集温度数据无线发送至协调器模块；另一方面协调器收到无线发送过来的温度数据之后和当前设置的阈值进行比较，如果高于设置的温度数据，无线发送命令给终端节点模块控制风扇开启，否则控制风扇关闭。

任务分析

物联网设备的网关模块主要包括基于 CC2530 的无线通信模块、按键和 LED 指示灯，同时终端设备模块包括相关传感器及控制机构。一方面，当网关模块加电启动运行时，CC2530 的无线通信模块开始组建无线传感网络，当网络运行状态为协调器网络状态时，触发系统事件，点亮两盏 LED 灯，表示网关模块已成为协调器。另一方面将终端设备模块加电运行加入无线传感网络，当网络状态变成终端节点角色之后，终端节点模块将温度数据信息通过单播方式周期性地无线发送，最后到达协调器模块后调用 SampleApp_MessageMSGCB() 函数收到温度信息，并通过串口通信显示在 PC 端；如果采集到温度数据大于设置的阈值，无线发送两个字节命令信息给终端节点模块控制风扇开启，否则控制风扇关闭，如图 5-5 所示。

项目 五 温度采集风扇联动控制应用

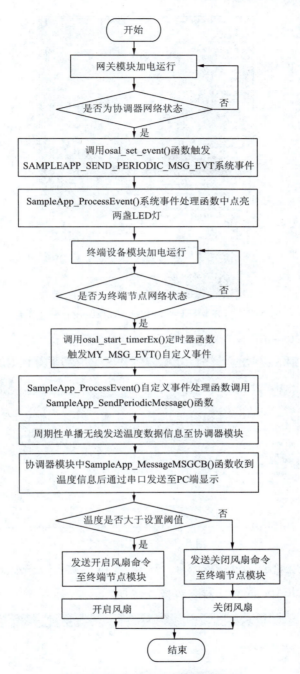

图 5-5 温度采集风扇应用流程图

任务实施

1. 运行 Z-Stack 协议栈工程项目

(1) 打开 IAR Embedded Workbench for 8051 8.10 Evaluation → IAR Embedded Workbench 开发平台，如图 5-6 所示。

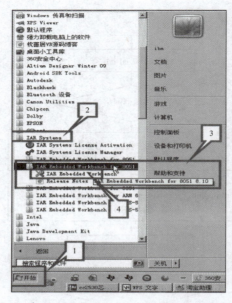

图 5-6 打开 IAR Embedded Workbench 开发平台

（2）选择 File → Open → Workspace 命令，如图 5-7 所示。

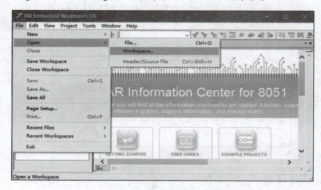

图 5-7 打开工作空间

（3）打开目录 D:\Zigbee_code\ZStack-CC2530-2.5.1a_1.3\Projects\zstack\Samples\SampleApp\CC2530DB 中的 SampleApp.eww 工程，如图 5-8 所示。

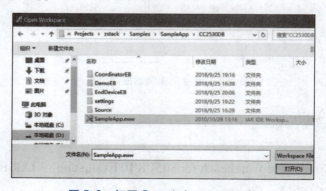

图 5-8 打开 SampleApp.eww 工程

项目 五 温度采集风扇联动控制应用

2. 编写项目功能代码

(1) 在 SampleApp_Init() 函数中初始化串口通信。主要功能代码实现参见粗体字部分：

```
void SampleApp_Init( uint8 task_id )
{
  SampleApp_TaskID=task_id;
  SampleApp_NwkState=DEV_INIT;
  SampleApp_TransID=0;
  MT_UartInit();          //MT 层串口初始化函数
  MT_UartRegisterTaskID(task_id);    // 向应用任务 ID 登记串口事件
    ...
}
```

（这里是需要添加的）

(2) 打开 MT_UART.h 头文件，将串口波特率修改为 115200。主要功能代码实现参见粗体字部分：

```
#if !defined MT_UART_DEFAULT_BAUDRATE
#define MT_UART_DEFAULT_BAUDRATE        HAL_UART_BR_115200
#endif
```

（这里是需要修改的）

(3) 打开 MT_UART.h 头文件，将串口流控关闭。主要功能代码实现参见粗体字部分：

```
#if !defined( MT_UART_DEFAULT_OVERFLOW )
#define MT_UART_DEFAULT_OVERFLOW        FALSE
#endif
```

（这里是需要修改的）

(4) 在 SampleApp_Init() 函数中初始化 P1.0 和 P1.1 两盏 LED 灯，使之熄灭。主要功能代码实现参见粗体字部分：

```
void SampleApp_Init( uint8 task_id )
{
  SampleApp_TaskID=task_id;
  SampleApp_NwkState=DEV_INIT;
  SampleApp_TransID=0;
  MT_UartInit();                        //MT 层串口初始化函数
  MT_UartRegisterTaskID(task_id);       // 向应用任务 ID 登记串口事件

  P1SEL &=~0x03;
  P1DIR |=0x03;
  P1_0=1;     // 初始化熄灭 P1.0 灯
  P1_1=1;     // 初始化熄灭 P1.1 灯
}
```

（这里是需要添加的）

(5) 打开 SampleApp.h 头文件，添加自定义事件 MY_MSG_EVT。主要功能代码实现参见粗体字部分：

```
#define SAMPLEAPP_ENDPOINT                  20
#define SAMPLEAPP_PROFID                    0x0F08
#define SAMPLEAPP_DEVICEID                  0x0001
#define SAMPLEAPP_DEVICE_VERSION            0
#define SAMPLEAPP_FLAGS                     0
#define SAMPLEAPP_MAX_CLUSTERS              2
#define SAMPLEAPP_PERIODIC_CLUSTERID        1
#define SAMPLEAPP_FLASH_CLUSTERID           2
// 发送消息超时
#define SAMPLEAPP_SEND_PERIODIC_MSG_TIMEOUT 5000
// 应用程序事件（OSAL），这些是位加权定义
#define SAMPLEAPP_SEND_PERIODIC_MSG_EVT     0x0001
#define MY_MSG_EVT                          0x0002   ← 这里是需要添加的

// Flash 命令的组 ID
#define SAMPLEAPP_FLASH_GROUP               0x0001
// 闪存命令持续时间，以毫秒为单位
#define SAMPLEAPP_FLASH_DURATION            1000
```

（6）在 ZDO_STATE_CHANGE 网络状态改变消息处理中调用 osal_set_event() 函数触发协调器的 SAMPLEAPP_SEND_PERIODIC_MSG_EVT 系统事件，调用 osal_start_timerEx() 定时器函数触发 MY_MSG_EVT 自定义事件。主要功能代码实现参见粗体字部分：

```
uint16 SampleApp_ProcessEvent( uint8 task_id, uint16 events )
{
  afIncomingMSGPacket_t *MSGpkt;
  (void)task_id;   // 有意未引用的参数
  if ( events & SYS_EVENT_MSG )
  {
    MSGpkt=(afIncomingMSGPacket_t *)osal_msg_receive( SampleApp_TaskID );
    while( MSGpkt )
    {
      switch( MSGpkt->hdr.event)
      {
      …
      case ZDO_STATE_CHANGE:                              ← 这里是需要添加的
        SampleApp_NwkState=(devStates_t)(MSGpkt->hdr.status);
        if (SampleApp_NwkState==DEV_ZB_COORD)
        {
          osal_set _event( SampleApp_TaskID,SAMPLEAPP_SEND_PERIODIC_MSG_EVT);
        }
          if (SampleApp_NwkState==DEV_END_DEVICE)
        {
          osal_start_timerEx( SampleApp_TaskID,
```

```
      MY_MSG_EVT,
      SAMPLEAPP_SEND_PERIODIC_MSG_TIMEOUT );
    }
    break;
    default:
    break;
  }
  osal_msg_deallocate( (uint8 *)MSGpkt );
  MSGpkt=(afIncomingMSGPacket_t *)osal_msg_receive( SampleApp_TaskID );
 }
 return (events ^ SYS_EVENT_MSG);
 }
 return 0;
}
```

(7) 在 SampleApp_ProcessEvent() 系统事件处理函数中，协调器组建网络成功之后，将协调器上的 P1.0 和 P1.1 引脚所对应的 LED 灯点亮。主要功能代码实现参见粗体字部分：

```
uint16 SampleApp_ProcessEvent( uint8 task_id, uint16 events )
{
  afIncomingMSGPacket_t *MSGpkt;
  (void)task_id;    // 有意未引用的参数
  …
  if ( events & SAMPLEAPP_SEND_PERIODIC_MSG_EVT)
  {
    P1SEL &= ~0x03;
    P1DIR |=0x03;
    P1_0 =0;      //低电平点亮协调器 P1.0 灯
    P1_1 =0;      //低电平点亮协调器 P1.1 灯
    return (events ^ SAMPLEAPP_SEND_PERIODIC_MSG_EVT);
  }
}
```

（这里是需要添加的）

(8) 在 SampleApp_ProcessEvent() 自定义 MY_MSG_EVT 事件处理函数中，先调用 SampleApp_SendPeriodicMessage() 函数，在 osal_start_timerEx() 定时器函数触发 MY_MSG_EVT 自定义事件，表示周期性地调用 SampleApp_SendPeriodicMessage() 函数。主要功能代码实现参见粗体字部分：

```
uint16 SampleApp_ProcessEvent( uint8 task_id, uint16 events )
{
  afIncomingMSGPacket_t *MSGpkt;
  (void)task_id;    // 有意未引用的参数
  …
```

```
if ( events & MY_MSG_EVT )
{
  P1_0 =0;              //低电平点亮 P1.0 灯
  P1_1 = ~P1_1;         //P1.1灯 闪烁

  SampleApp_SendPeriodicMessage();         ← 这里是需要添加的
  osal_start_timerEx( SampleApp_TaskID,
  MY_MSG_EVT,
  SAMPLEAPP_SEND_PERIODIC_MSG_TIMEOUT );
  return (events ^ MY_MSG_EVT);
}
// Discard unknown events
return 0;
}
```

(9) 在 SampleApp_SendPeriodicMessage() 函数中，终端节点模块调用 getTemperature 函数采集温度数据，然后调用无线发送函数函数单播方式发送温度信息至协调器模块。主要功能代码实现参见粗体字部分：

```
void SampleApp_SendPeriodicMessage( void )
{
  unsigned char T_H[4];          //温度
  char i;
  float AvgTemp;
  initTempSensor();              //初始化 ADC
  AvgTemp=0;
  for(i=0; i<6; i++)
  {
    AvgTemp+=getTemperature();
    AvgTemp=AvgTemp/2;                              //每次累加后除以2
  }
  /**** 温度转换成 ascii 码发送 ****/
  T_H[0]=(unsigned char)(AvgTemp)/10+48;            //十位
  T_H[1]=(unsigned char)(AvgTemp)%10+48;            //个位
  T_H[2]=(unsigned char)(AvgTemp*10)%10+48;         //十分位
  T_H[3]=(unsigned char)(AvgTemp*100)%10+48;        //百分位
  SampleApp_Periodic_DstAddr.addrMode=(afAddrMode_t)Addr16Bit;
  SampleApp_Periodic_DstAddr.addr.shortAddr=0x0000;//接收模块协调器的网络地址
  SampleApp_Periodic_DstAddr.endPoint=SAMPLEAPP_ENDPOINT;//接收模块的端点号
  AF_DataRequest( &SampleApp_Periodic_DstAddr, &SampleApp_epDesc,
     SAMPLEAPP_PERIODIC_CLUSTERID,
```

项目 五　温度采集风扇联动控制应用

```
      4,                  // 发送的长度
      T_H,                // 数组的首地址
      &SampleApp_TransID,
      AF_DISCV_ROUTE,
      AF_DEFAULT_RADIUS );
}
```

然后在 void SampleApp_SendPeriodicMessage(void) 函数的上面添加：

```
void initTempSensor(void)
{
  //IEN0=IEN1=IEN2=0X00;    // 关闭所有中断
  TR0=0X01;                 // 设置 "1" 以将温度传感器连接到 SOC_ADC
  ATEST=0X01;               // 启用温度传感器
}

float getTemperature(void)
{
  uint value;
  ADCCON3= (0x3E);                  // 选择 1.25 V 为参考电压；12 位分辨率；
                                    //  对片内温度传感器采样
  ADCCON1|=0x30;                    // 选择 ADC 的启动模式为手动
  ADCCON1|=0x40;                    // 启动 AD 转化
  while(!(ADCCON1 & 0x80));         // 等待 AD 转换完成
  value=ADCL>>4;                    // ADCL 寄存器低 4 位无效
  value|=(((uint16)ADCH)<<4);
  return (value-1367.5)/4.5+15;     // 根据 AD 值，计算出实际的温度，芯片、
                                    // 手册有错，温度系数应该是 4.5/℃
                        // 进行温度校正，这里减去 4℃（不同芯片根据具体情况校正）
}
```

（10）一旦协调器模块收到终端节点模块周期性无线发送过来的温度信息之后，调用 SampleApp_MessageMSGCB() 函数进行接收，并通过串口通信在 PC 端实时显示。主要功能代码实现参见粗体字部分：

```
void SampleApp_MessageMSGCB ( afIncomingMSGPacket_t *pkt )
{
  uint16 flashTime;
  switch ( pkt->clusterId )
  {
    case SAMPLEAPP_PERIODIC_CLUSTERID:
      HalUARTWrite(0,"temp=",5);                         ← 这里是需要添加的
      HalUARTWrite(0,&pkt->cmd.Data[0],2);   // 串口打印收到温度数据
      HalUARTWrite(0,"\n",1);                // 回车换行
      HalUARTWrite(0,&pkt->cmd.Data[2],2);   // 串口打印收到湿度数据
```

```
HalUARTWrite(0,"\n",1);    //回车换行
char theMessageData[1]={0};

  if (pkt->cmd.Data[0]<='1')  //如果温度小于或等于10℃
  {
    P0_7=0;
    theMessageData[0]='0';
  }
  else
  {
    P0_7=1;
    theMessageData[0]='1';
  }
```

```
GenericApp_DstAddr.addrMode=(afAddrMode_t)AddrBroadcast;  //设置协调器广播
GenericApp_DstAddr.endPoint=SAMPLEAPP_ENDPOINT;
GenericApp_DstAddr.addr.shortAddr=0xFFFF;        //向所有节点广播
AF_DataRequest( &GenericApp_DstAddr, &SampleApp_epDesc,
SAMPLEAPP_COM_CLUSTERID,
1,      //发送2个字节
 (byte *)&theMessageData,
 &SampleApp_TransID,
 AF_DISCV_ROUTE, AF_DEFAULT_RADIUS );
```

```
  ...
  }
}
```

（11）一旦终端节点模块收到协调器无线发送过来的字符串信息之后，调用 SampleApp_MessageMSGCB() 函数进行接收，通过字符判断以控制风扇的运行和停止。主要功能代码实现参见粗体字部分：

```
void SampleApp_MessageMSGCB( afIncomingMSGPacket_t *pkt )
{
  uint16 flashTime,len,i;
  uint8 str_uart[2];
  switch ( pkt->clusterId )
  case SAMPLEAPP_COM_CLUSTERID:
  P1SEL&=~0X0C;
  P1DIR|=0X0C;
  P1_2=0;    //初始化 关风扇
  P1_3=0;
  if(pkt->cmd.Data[0]=='0')
```

（这里是需要添加的）

```
{  // 关风扇
   P1_2=0;
   P1_3=0;
   // 关 D7 灯
   P0_7=1;
}
   if(pkt->cmd.Data[0]=='1')
{  // 开风扇
   P1_2=0;
   P1_3=1;
   // 开 D7 灯
   P0_7=0;
}
break;
}
```

3. 下载程序至网关模块和终端节点模块

（1）本实验用到两个模块：继电器模块作为协调器；直流电动机模块作为终端。将模块通过仿真器连接到计算机上，按下仿真器上的按钮，仿真器变成绿灯，参见图 2-8。

（2）下载协调器模块程序：选择 CoordinatorEB 选项卡，单击"编译"按钮编译工程，然后单击绿色三角按钮下载程序到模块，如图 5-9 所示。

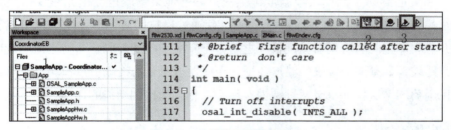

图 5-9 下载协调器模块程序

（3）下载终端模块程序：选择 EndDeviceEB 选项卡，单击"编译"按钮编译工程，然后单击绿色三角按钮下载程序到模块，如图 5-10 所示。

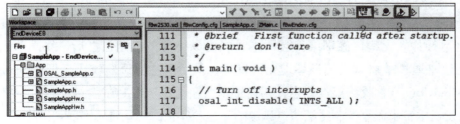

图 5-10 下载终端模块程序

任务思考

温度采集风扇联动控制原理，通过设备网关。网关模块主要包括基于 CC2530 的无线通信模块、按键和 LED 指示灯，同时终端设备模块包括相关传感器及控制机构。当网关模块加电启动运行时，CC2530 的无线通信模块开始组建无线传感网络，当网络运行状态为____状态时，触发_____系统事件，点亮两盏 LED 灯，表示网关模块已成为_____。当终端设备模块加电运行加入无线传感网络，网络状态变成_____角色之后，终端节点模块将温度数据信息通过单播方式周期性地无线发送，最后到达协调器模块后调用_____函数收到温度信息，并通过串口通信显示在 PC 端。如果采集到温度数据_____设置的阈值，无线发送两个字节命令信息给终端节点模块控制风扇开启，否则控制风扇关闭。

任务三　基于按键温度采集风扇联动与手动控制应用

任务描述

在任务二中通过协调器组建网络成功之后，将终端设备模块加入无线传感网络。成功加入网络之后，终端节点模块开始周期性地采集温度传感器数据，然后以单播方式无线发送至协调器模块，最后协调器通过串口通信显示在 PC 端。本任务是将终端设备模块加入无线传感网络，一方面终端节点模块中温度传感器周期性地采集温度数据无线发送至协调器模块，并通过串口通信显示在 PC 端；另一方面 PC 通过串口向协调器发送字符串控制终端节点风扇的开启和停止。当协调器按键按下之后，可以实现联动控制，即将当前温度值与设置的阈值进行比较，如果高于设置的温度数据，无线发送命令给终端节点模块控制风扇开启，否则控制风扇关闭，这样就可以通过按键实现手动和联动控制功能的切换。

任务分析

物联网设备的网关模块主要包括基于 CC2530 的无线通信模块、按键和 LED 指示灯，同时终端设备模块包括相关传感器及控制机构。一方面，当网关模块加电启动运行时，CC2530 的无线通信模块开始组建无线传感网络，当网络运行状态为协调器网络状态时，触发系统事件，点亮一盏 LED 灯，表示网关模块已成为协调器。另一方面，将终端设备模块加电运行加入无线传感网络，当网络状态变成终端节点角色之后，终端节点模块将温度数据信息通过单播方式周期性地无线发送，最后到达协调器模块后调用 SampleApp_MessageMSGCB() 函数收到温度信息，并通过串口通信显示在 PC 端，同时通过 PC 端串口可以手动发送字符串命令控制终端节点风扇的开启和停止。一旦将协调器按键按下之后，就可以开启联动控制模式，即将采集到的温度数据和设置的温度阈值进行比较，如果大于设置的阈值，自动发送两个字节命令信息给终端节点模块控制风扇开启，否则控制风扇关闭。

当再一次按下按键之后又可以进行手动控制风扇,如图 5-11 所示。

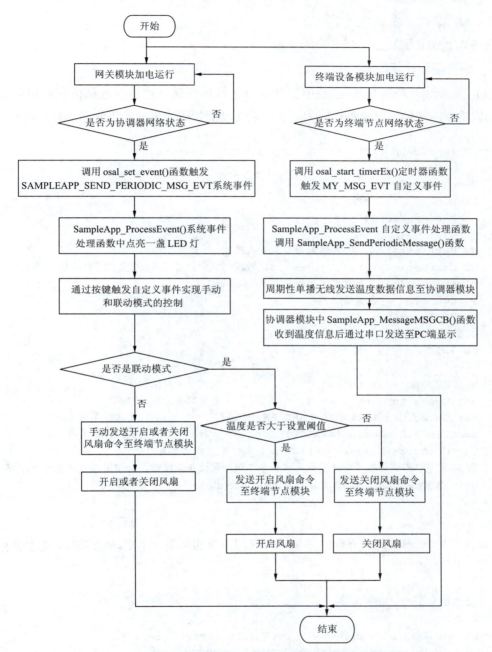

图 5-11 基于按键温度采集风扇手动和联动控制应用流程图

任务实施

1. 运行 Z-Stack 协议栈工程项目

任务实施请参照项目二任务一的步骤。

2. 编写项目功能代码

（1）在 SampleApp_Init() 函数中定义串口结构体变量，然后通过赋值配置串口相关参数，如波特率、流控，以及串口回调函数。主要功能代码实现参见粗体字部分：

```
void SampleApp_Init( uint8 task_id )
{
  SampleApp_TaskID=task_id;
  SampleApp_NwkState=DEV_INIT;
  SampleApp_TransID=0;

  MT_UartInit();              //MT 层串口初始化函数
  MT_UartRegisterTaskID(task_id);      // 向应用任务 ID 登记串口事件
  P1DIR|=0x04;  // 端口定义为输出
  P1_2=0;         // 关蜂鸣器
  P0SEL &=~0x80;
  P0DIR |=0x80;
  P0_7=1;         // 初始化熄灭 P0.7 灯

  halUARTCfg_t uartConfig;              // 定义个串口结构体         ← 这里是需要添加的
  uartConfig.configured=TRUE;           // 串口配置为真
  uartConfig.baudRate=HAL_UART_BR_9600;  // 波特率为 9600
  uartConfig.flowControl=FALSE;          // 流控制为假
  uartConfig.callBackFunc=rxCB;
  // 定义串口回调函数，就是当模块收从串口到外围设备数据时，会调用这个函数进行处理
  HalUARTOpen(HAL_UART_PORT_0,&uartConfig);     // 打开串口 0
  …
}
```

（2）打开 SampleApp.c 文件，添加串口回调函数的声明。主要功能代码实现参见粗体字部分：

```
* LOCAL FUNCTIONS
 */
void SampleApp_HandleKeys( uint8 shift, uint8 keys );
void SampleApp_MessageMSGCB( afIncomingMSGPacket_t *pckt );
void SampleApp_SendPeriodicMessage( void );
void SampleApp_SendFlashMessage( uint16 flashTime );
static void rxCB(uint8 port,uint8 event);      // 声明串口回调函数      ← 这里是需要添加的
```

（3）每当协调器从 PC 端串口收到数据时，就会自动调用这个函数，以广播方式无线发送至终端节点模块。主要功能代码实现参见粗体字部分：

```
static void rxCB(uint8 port,uint8 event)
{
  uint8 i;
  uint8 uartbuf[2];
  HalUARTRead(0,uartbuf,2);      //从串口读取两个字节的数据到uartbuf中
  if(flag==0)
  {
    GenericApp_DstAddr.addrMode=(afAddrMode_t)AddrBroadcast;//设置协调器广播
    GenericApp_DstAddr.endPoint=SAMPLEAPP_ENDPOINT;
    GenericApp_DstAddr.addr.shortAddr=0xFFFF;     //向所有节点广播
    if( AF_DataRequest( &GenericApp_DstAddr, &SampleApp_epDesc,
    SAMPLEAPP_New_CLUSTERID,
    2,          //发送字符的长度
    uartbuf,    //字符串内容数组的首地址
    &SampleApp_TransID,
    AF_DISCV_ROUTE, AF_DEFAULT_RADIUS )==afStatus_SUCCESS);
  }
}
```
（这里是需要添加的）

（4）在 SampleKey.h 文件中添加按键初始化函数声明。主要功能代码实现参见粗体字部分：

```
#ifndef SAMPLEKEY_H
#define SAMPLEKEY_H
void KeysIntCfg();
#endif
```
（这里是需要添加的）

（5）在 SampleKey.c 文件中主要完成按键初始化函数和 P1.2 按键按下中断处理函数实现，并在 Key2_ISR() 中断处理函数中调用 osal_start_timerEx(SampleApp_TaskID, MY_NewMSG_EVT,25) 函数，触发 MY_NewMSG_EVT 自定义事件产生，主要功能代码实现如下：

```
#include<iocc2530.h>
#include "SampleApp.h"
#include "OSAL_Timers.h"
#include "OSAL.h"
#include "OnBoard.h"
extern unsigned char SampleApp_TaskID;
//延时函数
void delay(int xms)       //i=xms 即延时i毫秒
{
  int i,j;
  for(i=xms;i>0;i--)
    for(j=587;j>0;j--);
}
```
（这里是需要添加的）

```
void KeysIntCfg()          // 初始化 P0_0 按键中断
{
  P0IEN|=0x01;             // 设置 P0_0 为中断方式
  IEN1|=0x20;              // 允许 P0 口中断
  PICTL|=0x01;             // 下降沿触发
  P0IFG=0x00;              // 清中断标志位
  EA=1;                    // 开总中断
}

#pragma vector=P0INT_VECTOR
__interrupt void Key_ISR()
{
  delay(10);
  if(P0_0==0)
  {
    osal_start_timerEx(SampleApp_TaskID,MY_NewMSG_EVT,25);
  }
  P0IFG=0;                 // 清中断标志
  P0IF=0;
}
```

(6) 打开 ZMain.c 文件，添加按键初始化函数。主要功能代码实现参见粗体字部分：

```
int main( void )
{
  ...
  #ifdef WDT_IN_PM1
  /* 如果使用 WDT，这里启用它的好地方 */
  WatchDogEnable( WDTIMX );
  #endif
  KeysIntCfg();                      ← 这里是需要添加的
  osal_start_system(); // 没有返回值
  return 0;   // 未执行到这里
} // main()
```

(7) 打开 hal_board_cfg.h 头文件，将系统所设置的宏定义按键参数 HAL_KEY 改为 FALSE，表示采用自定义按键功能。主要功能代码实现参见粗体字部分：

```
/* 设置为 TRUE 启用密钥用法，设置为 FLASE 禁用它 */
#ifndef HAL_KEY
#define HAL_KEY FALSE              ← 这里是需要添加的
#endif
```

（8）在 SampleApp_Init() 函数中初始化 P1.0 和 P1.1 两盏 LED 灯，使之熄灭。主要功能代码实现参见粗体字部分：

```
void SampleApp_Init( uint8 task_id )
{
  SampleApp_TaskID=task_id;
  SampleApp_NwkState=DEV_INIT;
  SampleApp_TransID=0;
  P1SEL &=~0x03;
  P1DIR |=0x03;
  P1_0=0;      // 初始化熄灭 P1.0 灯
  P1_1=0;      // 初始化熄灭 P1.1 灯
  ...
}
```

（这里是需要添加的）

（9）打开 SampleApp.h 头文件，添加自定义事件 MY_MSG_EVT 和 MY_NewMSG_EVT。主要功能代码实现参见粗体字部分：

```
#define SAMPLEAPP_ENDPOINT               20
#define SAMPLEAPP_PROFID                 0x0F08
#define SAMPLEAPP_DEVICEID               0x0001
#define SAMPLEAPP_DEVICE_VERSION         0
#define SAMPLEAPP_FLAGS                  0

#define SAMPLEAPP_MAX_CLUSTERS           3
#define SAMPLEAPP_PERIODIC_CLUSTERID     1
#define SAMPLEAPP_FLASH_CLUSTERID        2
#define SAMPLEAPP_COM_CLUSTERID          3

// 发送消息超时
#define SAMPLEAPP_SEND_PERIODIC_MSG_TIMEOUT   5000
// Application Events (OSAL)-These are bit weighted definitions.
#define SAMPLEAPP_SEND_PERIODIC_MSG_EVT       0x0001
#define MY_MSG_EVT                            0x0002
#define MY_NewMSG_EVT                         0x0004

// Flash 命令的组 ID
#define SAMPLEAPP_FLASH_GROUP                 0x0001
// 闪存命令持续时间 - 以毫秒为单位
#define SAMPLEAPP_FLASH_DURATION              1000
```

（这里是需要添加的）

打开 SampleApp.c 文件，添加下方粗体字：

```
const cId_t SampleApp_ClusterList[SAMPLEAPP_MAX_CLUSTERS]=
{
```

```
    SAMPLEAPP_PERIODIC_CLUSTERID,
    SAMPLEAPP_FLASH_CLUSTERID,
    SAMPLEAPP_COM_CLUSTERID
};
```

(10) 在 ZDO_STATE_CHANGE 网络状态改变消息处理中调用 osal_set_event() 函数触发协调器的 SAMPLEAPP_SEND_PERIODIC_MSG_EVT 系统事件和调用 osal_start_timerEx() 定时器函数触发终端节点 MY_MSG_EVT 自定义事件。主要功能代码实现参见粗体字部分：

```
uint16 SampleApp_ProcessEvent( uint8 task_id, uint16 events )
{
  afIncomingMSGPacket_t *MSGpkt;
  (void)task_id;   // 有意未引用的参数
  if (events & SYS_EVENT_MSG)
  {
    MSGpkt=(afIncomingMSGPacket_t *)osal_msg_receive( SampleApp_TaskID );
    while (MSGpkt)
    {
      switch ( MSGpkt->hdr.event )
      {
        ...
        case ZDO_STATE_CHANGE:
        SampleApp_NwkState=(devStates_t)(MSGpkt->hdr.status);
        if(SampleApp_NwkState == DEV_ZB_COORD)          这里是需要添加的
        {
           osal_set_event(SampleApp_TaskID,SAMPLEAPP_SEND_PERIODIC_MSG_EVT);
        }
        if(SampleApp_NwkState==DEV_END_DEVICE)
        {
           osal_start_timerEx(SampleApp_TaskID,
           MY_MSG_EVT,
           SAMPLEAPP_SEND_PERIODIC_MSG_TIMEOUT);
        }
        break;
        default:
        break;
      }
      osal_msg_deallocate( (uint8 *)MSGpkt );
      MSGpkt=(afIncomingMSGPacket_t *)osal_msg_receive( SampleApp_TaskID );
    }
    return (events ^ SYS_EVENT_MSG);
  }
  return 0;
}
```

(11) 在 SampleApp_ProcessEvent() 系统事件处理函数中，协调器组建网络成功之后，将协调器上的 P1.0 和 P1.1 引脚所对应的 LED 灯点亮。主要功能代码实现参见粗体字部分：

```
uint16 SampleApp_ProcessEvent( uint8 task_id, uint16 events )
{
  afIncomingMSGPacket_t *MSGpkt;
  (void)task_id;    // 有意未引用的参数
  ...
  if (events & SAMPLEAPP_SEND_PERIODIC_MSG_EVT)
  {
    P1SEL&=~0x03;
    P1DIR|=0x03;
    P1_0=0;      // 低电平点亮协调器 P1.0 灯
    P1_1=0;      // 高电平点亮协调器 P1.1 灯
    return(events ^ SAMPLEAPP_SEND_PERIODIC_MSG_EVT)
  }
}
```

（这里是需要添加的）

(12) 在 SampleApp_ProcessEvent() 自定义 MY_MSG_EVT 事件处理函数中，先调用 SampleApp_SendPeriodicMessage() 函数，在 osal_start_timerEx() 定时器函数触发 MY_MSG_EVT 自定义事件，表示周期性地调用 SampleApp_SendPeriodicMessage() 函数。主要功能代码实现参见粗体字部分：

```
uint16 SampleApp_ProcessEvent( uint8 task_id, uint16 events )
{
  afIncomingMSGPacket_t *MSGpkt;
  (void)task_id;    // 有意未引用的参数
  ...
  if( events & MY_MSG_EVT )
  {
    SampleApp_SendPeriodicMessage();
    osal_start_timerEx( SampleApp_TaskID,
    MY_MSG_EVT,
    SAMPLEAPP_SEND_PERIODIC_MSG_TIMEOUT );
    return (events ^ MY_MSG_EVT);
  }
  // 放弃未知事件
  return 0;
}
```

（这里是需要添加的）

(13) 在 SampleApp_SendPeriodicMessage() 函数中，终端节点模块调用 get Temperature() 调函数采集温度数据，然后调用无线发送函数以单播方式发送温度信息至协调器模块。主要功能代码实现参见粗体字部分：

```
void SampleApp_SendPeriodicMessage( void )
{
    uint8 T_H[4];              // 温湿度
    char i;
    float AvgTemp;
    initTempSensor();          // 初始化 ADC
    AvgTemp=0;
    for(i=0; i<6; i++)
    {
        AvgTemp+=getTemperature();
        AvgTemp=AvgTemp/2;                                 // 每次累加后除以 2
    }
    /**** 温度转换成 ascii 码发送 ****/
    T_H[0]=(unsigned char)(AvgTemp)/10 + 48;         // 十位
    T_H[1]=(unsigned char)(AvgTemp)%10 + 48;         // 个位
    T_H[2]=(unsigned char)(AvgTemp*10)%10+48;        // 十分位
    T_H[3]=(unsigned char)(AvgTemp*100)%10+48;       // 百分位
    SampleApp_Periodic_DstAddr.addrMode=(afAddrMode_t)Addr16Bit;
    SampleApp_Periodic_DstAddr.addr.shortAddr=0x0000;// 接收模块协调器的网络地址
    SampleApp_Periodic_DstAddr.endPoint =SAMPLEAPP_ENDPOINT;// 接收模块的端点号
    AF_DataRequest( &SampleApp_Periodic_DstAddr, &SampleApp_epDesc,
    SAMPLEAPP_PERIODIC_CLUSTERID,
    4,      // 发送的长度
    T_H,    // 数组的首地址
    &SampleApp_TransID,
    AF_DISCV_ROUTE,
    AF_DEFAULT_RADIUS );
}
```

（14）在 SampleApp_ProcessEvent() 系统事件处理函数中，协调器模块 P1.2 按键按下之后，可以实现手动模式和联动模式切换功能，并通过 P1.0 指示灯的亮和灭显示手动或者联动。主要功能代码实现参见粗体字部分：

```
uint16 SampleApp_ProcessEvent( uint8 task_id, uint16 events )
{
    afIncomingMSGPacket_t *MSGpkt;
    (void)task_id;    // 有意未引用的参数
    ...
    if ( events & MY_NewMSG_EVT )
    {
        if(0==P0_0)
```

```
    {
        P1_0^=1;
        if(P1_0==1)
            flag=0;
        else
            flag=1;
    }
    return (events ^ MY_NewMSG_EVT);
}
```

(15)协调器模块收到终端节点模块周期性无线发送过来的温度信息之后,调用 SampleApp_MessageMSGCB()函数进行接收。一方面通过串口通信在 PC 端实时显示,另一方面当温度数据大于设置的阈值 2,表示当前温度值超过 30℃,则发送开启风扇命令至终端节点,否则发送关闭风扇命令至终端节点。主要功能代码实现参见粗体字部分:

```
void SampleApp_MessageMSGCB( afIncomingMSGPacket_t *pkt )
{
    uint16 flashTime,len,i;
    uint8 str_uart[2];
    switch ( pkt->clusterId )
    {
    case SAMPLEAPP_PERIODIC_CLUSTERID:         // 这里是需要添加的
        HalUARTWrite(0,"temp=",5);
        HalUARTWrite(0,&pkt->cmd.Data[0],2);   //串口打印收到温度数据
        HalUARTWrite(0,".",1);                 //回车换行
        HalUARTWrite(0,&pkt->cmd.Data[2],2);   //串口打印收到湿度数据
        HalUARTWrite(0,"\n",1);                //回车换行
        if(flag==1)
        {
            char theMessageData[1]={0};
            if (pkt->cmd.Data[0]=='1')
            {
                P0_7=0;
                theMessageData[0]='0';
            }
            else
            {
                P0_7=1;
                theMessageData[0]='1';
            }
```

```
        GenericApp_DstAddr.addrMode=(afAddrMode_t)AddrBroadcast;   //设置协调器广播
        GenericApp_DstAddr.endPoint=SAMPLEAPP_ENDPOINT;
        GenericApp_DstAddr.addr.shortAddr=0xFFFF;    //向所有节点广播
        AF_DataRequest( &GenericApp_DstAddr, &SampleApp_epDesc,
            SAMPLEAPP_COM_CLUSTERID,
            1,//发送两个字节
            (byte *)&theMessageData,
            &SampleApp_TransID,
            AF_DISCV_ROUTE, AF_DEFAULT_RADIUS );
    }

    break;
  }
}
```

(16) 终端节点模块收到协调器无线发送过来的字符串信息之后，调用 SampleApp_MessageMSGCB() 函数进行接收，通过字符判断以控制风扇的运行和停止。主要功能代码实现参见粗体字部分：

```
void SampleApp_MessageMSGCB( afIncomingMSGPacket_t *pkt )
{
  uint16 flashTime,len,i;
  uint8 str_uart[2];
  switch( pkt->clusterId )
  {
        case SAMPLEAPP_COM_CLUSTERID:
          if(pkt->cmd.Data[0]=='0')
          {
            P1_2=0;
            P1_3=0;
            P0_7=1;
          }
          if(pkt->cmd.Data[0]=='1')
          {
            P1_2=0;
            P1_3=1;
            P0_7=0;
          }
        break;
  }
}
```

3. 下载程序至网关模块和终端节点模块

（1）本实验用到两个模块：继电器模块作为协调器；直流电动机模块作为终端。将模块通过仿真器连接到计算机上，按下仿真器上的按钮，仿真器变成绿灯，参见图 2-8。

（2）下载协调器模块程序：选择 CoordinatorEB 选项卡，单击"编译"按钮编译工程，然后单击绿色三角按钮下载程序到模块，如图 5-12 所示。

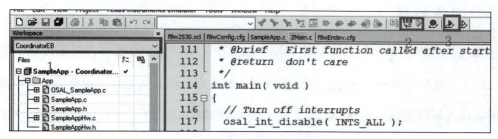

图 5-12　下载协调器模块程序

（3）下载终端模块程序：选择 EndDeviceEB 选项卡，单击"编译"按钮编译工程，然后单击绿色三角按钮下载程序到模块，如图 5-13 所示。

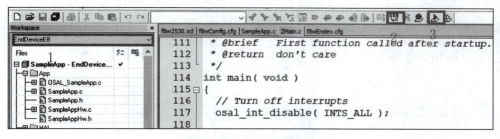

图 5-13　下载终端模块程序

任务思考

（1）任务三通过网关模块收发数据，主要基于 CC2530 的无线通信模块、按键和 LED 指示灯，终端设备模块包括相关传感器及控制机构。当网关模块加电启动运行时，CC2530 的无线通信模块开始组建无线传感网络，当网络运行状态为协调器网络状态时，触发_____系统事件，点亮一盏 LED 灯，表示网关模块已成为协调器。终端设备模块加电运行加入无线传感网络，当网络状态变成终端节点角色之后，终端节点通过自定义事件处理函数调用_____函数，使终端节点模块将温度数据信息通过单播方式周期性地无线发送，最后到达协调器模块后调用_____函数收到温度信息，并通过串口通信显示在 PC 端，同时通过 PC 端串口可以手动发送字符串命令控制终端节点风扇的开启和停止。

（2）如何开启按键联动控制模式？当采集到温度数据和设置的温度阈值时，风扇自动打开和关闭的运作原理是什么？

拓展训练

训练描述

在本项目 3 个任务的温度采集控制操作训练中，协调器和终端节点组网成功之后，终端节点模块开始周期性地采集温度传感器数据，然后以单播方式无线发送至协调器模块，最后协调器通过串口通信显示在 PC 端。同时协调器按键按下之后，可以实现手动和联动方式控制风扇的运行和停止。这里当协调器组建网络成功之后，将终端设备模块加入无线传感网络。成功加入网络之后，一方面终端节点模块中温度传感器周期性地采集温度数据无线发送至协调器模块；另一方面协调器收到无线发送过来的温度数据之后和当前设定的阈值进行比较。如果高于设置的温度数据，无线发送命令给终端节点模块控制风扇和继电器开启，否则控制风扇和继电器关闭，以实现多级联动控制。

训练要求

（1）串口通信波特率设置为 9 600。

（2）协调器和终端设备模块组建无线传感网络成功之后，终端节点模块周期性地将温度数据以无线单播方式发送至协调器模块，在 PC 端串口调试工具中实时显示。

（3）协调器收到无线发送过来的湿度数据和当前设置的湿度阈值进行比较，如果高于设置的湿度数据，无线发送命令给终端节点模块控制风扇和继电器开启，否则控制风扇和继电器关闭，以实现多级联动控制。

项目报告

课程名称	无线传感网技术与应用		项目名称	温度采集风扇联动控制应用		班级	
姓名		小组成员	组长：		组员：	组员：	
学号			组员：		组员：	组员：	
项目报告	（报告必须包含以下几点：一、项目目的；二、项目计划；三、项目实施过程；四、项目总结；五、体会。可附页）						

续表

项目报告	
	日期： 年 月 日
	项目成员签名：

项目评价表

评价要素		分值	学生自评 30%	项目组互评 20%	教师评分 50%	各项总分	合计总分
终端节点温度采集协调器串口通信显示	完成代码	10					
	完成终端节点温度采集协调器串口通信显示	10					
温度采集风扇联动控制应用	完成代码	10					
	完成温度采集风扇联动控制应用	10					
基于按键温度采集风扇联动与手动控制应用	完成代码	10					
	完成按键温度采集风扇联动与手动控制应用	10					
拓展训练	完成拓展训练	10					
项目总结报告		10	教师评价				
素质考核	工作操守	5					
	学习态度	5					
	合作与交流	5					
	出勤	5					

学生自评签名：

日期：

项目组互评签名：

日期：

教师签名：

日期：

补充说明：

项目六
无线传感网燃气浓度采集应用

项目背景

燃气检测预警系统（见图6-1）是人们日常生活中必不可少的安全系统，随着物联网技术的普及，许多乡镇、城市的燃气检测预警系统都在改造升级，该预警系统，能将实时采集的燃气浓度信息及时通过无线传感网络向控制中心反馈，超出限定的危险值自动报警并自动关闭燃气阀门，这就离不开燃气浓度传感器的应用。将普通的燃气检测和无线传感网技术相结合，就能完美实现燃气检测预警系统。

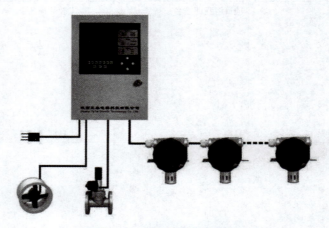

图6-1 燃气检测预警系统

学习目标

- 能正确使用设备通过串口通信获取燃气浓度传感器检测信息；
- 理解燃气浓度传感器检测程序的功能结构；
- 掌握燃气浓度传感器检测程序功能实现；
- 掌握燃气浓度传感器检测程序的功能设计；
- 掌握燃气浓度传感器检测程序的功能实现；
- 掌握燃气浓度传感器检测程序调试和运行。

任务一 终端节点燃气浓度采集协调器串口通信显示

任务描述

在项目五中通过协调器组建网络成功之后，将终端设备模块加入无线传感网络，一旦成功加入网络之后，终端节点模块开始周期性地采集温度传感器数据，然后以单播方式无线发送至协调器模块，最后协调器通过串口通信显示在 PC 端。本任务中协调器组建网络成功之后，将终端设备模块加入无线传感网络。成功加入网络之后，终端节点模块开始周期性地采集燃气浓度传感器数据，然后以单播方式无线发送至协调器模块，最后通过串口通信显示在 PC 端。

任务分析

物联网设备的网关模块主要包括基于 CC2530 的无线通信模块、按键和 LED 指示灯，同时终端设备模块包括相关传感器及控制机构。一方面，当网关模块加电启动运行时，CC2530 的无线通信模块开始组建无线传感网络，当网络运行状态为协调器网络状态时，触发系统事件，点亮两盏 LED 灯，表示网关模块已成为协调器。另一方面，将终端设备模块加电运行加入无线传感网络，当网络状态变成终端节点角色之后，终端节点模块开始周期性地通过单播方式无线发送燃气浓度数据信息，最后到达协调器模块后调用 SampleApp_MessageMSGCB() 函数收到燃气浓度信息，通过串口通信在 PC 端实时显示，如图 6-2 所示。

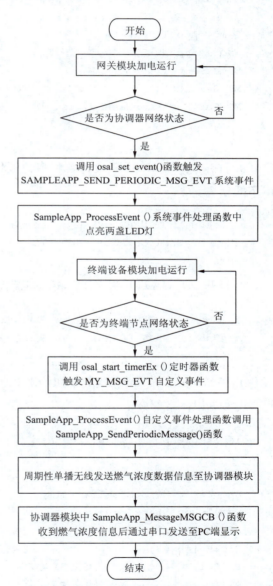

图 6-2 终端节点模块加入网络发送燃气浓度信息流程图

任务实施

1. 运行 Z-Stack 协议栈工程项目

任务实施请参照项目二任务一的步骤

2. 编写项目功能代码

（1）在 SampleApp_Init() 函数中初始化串口通信。主要功能代码实现参见粗体字部分：

```
void SampleApp_Init( uint8 task_id )
{
  SampleApp_TaskID=task_id;
  SampleApp_NwkState=DEV_INIT;
  SampleApp_TransID=0;
  MT_UartInit();          //MT层串口初始化函数
  MT_UartRegisterTaskID(task_id);   //向应用任务ID登记串口事件
    ....
}
```

（这里是需要添加的）

（2）打开 MT_UART.h 头文件，将串口波特率修改为 115200。主要功能代码实现参见粗体字部分：

```
#if !defined MT_UART_DEFAULT_BAUDRATE
#define MT_UART_DEFAULT_BAUDRATE         HAL_UART_BR_115200
#endif
```

（这里是需要修改的）

（3）打开 MT_UART.h 头文件，将串口流控关闭。主要功能代码实现参见粗体字部分：

```
#if !defined( MT_UART_DEFAULT_OVERFLOW )
  #define MT_UART_DEFAULT_OVERFLOW       FALSE
#endif
```

（这里是需要修改的）

（4）在 SampleApp_Init() 函数中初始化 P1.0 和 P1.1 两盏 LED 灯，使之熄灭。主要功能代码实现参见粗体字部分：

```
void SampleApp_Init( uint8 task_id )
{
  SampleApp_TaskID=task_id;
  SampleApp_NwkState=DEV_INIT;
  SampleApp_TransID=0;
  P1SEL &=~0x03;
  P1DIR |=0x03;
  P1_0=1;       //初始化熄灭P1.0灯
  P1_1=1;       //初始化熄灭P1.1灯
    ...
}
```

（这里是需要添加的）

（5）打开 SampleApp.h 头文件，添加自定义事件 MY_MSG_EVT。主要功能代码实现参见粗体字部分：

```
#define SAMPLEAPP_ENDPOINT                  20
#define SAMPLEAPP_PROFID                    0x0F08
#define SAMPLEAPP_DEVICEID                  0x0001
#define SAMPLEAPP_DEVICE_VERSION            0
#define SAMPLEAPP_FLAGS                     0

#define SAMPLEAPP_MAX_CLUSTERS              2
#define SAMPLEAPP_PERIODIC_CLUSTERID        1
#define SAMPLEAPP_FLASH_CLUSTERID           2
// 发送消息超时
#define SAMPLEAPP_SEND_PERIODIC_MSG_TIMEOUT 5000    // 每5秒
// 应用程序事件（OSAL）- 这些是位加权定义
#define SAMPLEAPP_SEND_PERIODIC_MSG_EVT     0x0001
#define MY_MSG_EVT                          0x0002    ← 这里是需要添加的
// Flash 命令的组 ID
#define SAMPLEAPP_FLASH_GROUP               0x0001
// 闪存命令持续时间 - 以毫秒为单位
#define SAMPLEAPP_FLASH_DURATION            1000
```

（6）在 ZDO_STATE_CHANGE 网络状态改变消息处理中调用 osal_set_event() 函数触发协调器的 SAMPLEAPP_SEND_PERIODIC_MSG_EVT 系统事件和调用 osal_start_timerEx() 定时器函数触发 MY_MSG_EVT 自定义事件。主要功能代码实现参见粗体字部分：

```
uint16 SampleApp_ProcessEvent( uint8 task_id, uint16 events )
{
  afIncomingMSGPacket_t *MSGpkt;
  (void)task_id;   // 有意未引用的参数
  if( events & SYS_EVENT_MSG )
  {
    MSGpkt=(afIncomingMSGPacket_t *)osal_msg_receive( SampleApp_TaskID );
    while( MSGpkt )
    {
      switch ( MSGpkt->hdr.event )
      {
        …
        case ZDO_STATE_CHANGE:
          SampleApp_NwkState=(devStates_t)(MSGpkt->hdr.status);
          if (SampleApp_NwkState==DEV_ZB_COORD)         ← 这里是需要添加的
          {
            osal_set_event( SampleApp_TaskID,SAMPLEAPP_SEND_PERIODIC_MSG_EVT);
```

```
      }
      if (SampleApp_NwkState == DEV_END_DEVICE)
      {
        osal_start_timerEx( SampleApp_TaskID,
          MY_MSG_EVT,
          SAMPLEAPP_SEND_PERIODIC_MSG_TIMEOUT );
      }
      break;
      default:
        break;
    }
    osal_msg_deallocate((uint8 *)MSGpkt );
    MSGpkt=(afIncomingMSGPacket_t *)osal_msg_receive( SampleApp_TaskID );
  }
  return (events^SYS_EVENT_MSG);
}
return 0;
}
```

注释:这里是需要添加的

（7）在 SampleApp_ProcessEvent() 系统事件处理函数中，协调器组建网络成功之后，将协调器上的 P1.0 和 P1.1 引脚所对应的 LED 灯点亮。主要功能代码实现参见粗体字部分：

```
uint16 SampleApp_ProcessEvent( uint8 task_id, uint16 events )
{ afIncomingMSGPacket_t *MSGpkt;
  (void)task_id;   // 有意未引用的参数
  …
  if ( events & SAMPLEAPP_SEND_PERIODIC_MSG_EVT)
  {
    P1SEL &= ~0x03;
    P1DIR |=0x03;
    P1_0=0;     // 低电平点亮协调器 P1.0 灯
    P1_1=0;     // 低电平点亮协调器 P1.1 灯

    return (events ^ SAMPLEAPP_SEND_PERIODIC_MSG_EVT);
  }
}
```

注释:这里是需要添加的

（8）在 SampleApp_ProcessEvent() 自定义 MY_MSG_EVT 事件处理函数中，先调用 SampleApp_SendPeriodicMessage() 函数，在 osal_start_timerEx() 定时器函数触发终端节点 MY_MSG_EVT 自定义事件，表示周期性的调用 SampleApp_SendPeriodicMessage() 函数。主要功能代码实现参见粗体字部分：

```
uint16 SampleApp_ProcessEvent( uint8 task_id, uint16 events )
{
```

```
    afIncomingMSGPacket_t *MSGpkt;
    (void)task_id;    // 有意未引用的参数
...
    if ( events & MY_MSG_EVT )
    {
      SampleApp_SendPeriodicMessage();
      osal_start_timerEx( SampleApp_TaskID,
          MY_MSG_EVT,
          SAMPLEAPP_SEND_PERIODIC_MSG_TIMEOUT );
      return (events ^ MY_MSG_EVT);
    }
    // 放弃未知事件
    return 0;
}
```

> 这里是需要添加的

（9）在 SampleApp_SendPeriodicMessage() 函数中，采集燃气浓度，然后调用无线发送函数单播方式发送燃气浓度信息至协调器模块。主要功能代码实现参见粗体字部分：

```
void SampleApp_SendPeriodicMessage( void )
{
    uint8 T_H[4];       // 可燃气体浓度
    uint16 AvgTemp;
    AvgTemp = adcSampleSingle();
    /**** 温度转换成 ascii 码发送 ****/
    T_H[0]=(AvgTemp/100)/10+48;         //千位
    T_H[1]=(AvgTemp/100)%10+48;         //百位
    T_H[2]=(AvgTemp%100)/10+48;         //十位
    T_H[3]=(AvgTemp%100)%10+48;         //个位
    SampleApp_Periodic_DstAddr.addrMode=(afAddrMode_t)Addr16Bit;
    SampleApp_Periodic_DstAddr.addr.shortAddr=0x0000;// 接收模块协调器的网络地址
    SampleApp_Periodic_DstAddr.endPoint=SAMPLEAPP_ENDPOINT ;// 接收模块的端点号
    AF_DataRequest( &SampleApp_Periodic_DstAddr, &SampleApp_epDesc,
        SAMPLEAPP_PERIODIC_CLUSTERID,
        4,            // 发送的长度
        T_H,          // 数组的首地址
        &SampleApp_TransID,
        AF_DISCV_ROUTE,
        AF_DEFAULT_RADIUS );
}
```

> 这里是需要添加的

在 void SampleApp_SendPeriodicMessage(void) 函数的上面添加可燃气体采集的函数：

```
uint16 adcSampleSingle()
{
  uint16 value,y;
  ADCCFG |= 0x01;
  ADCIF=0;
  ADCCON3=0xb0;
  while(!ADCIF);
  value=(ADCH<<8)&0xff00;
  value |= ADCL;
  y=value;
  y=y>>4;
  y=y&0x0fff;
  return y;
}
```

（这里是需要添加的）

（10）一旦协调器模块收到终端节点模块周期性无线发送过来的燃气浓度信息之后，调用 SampleApp_MessageMSGCB() 函数进行接收，并通过串口通信在 PC 端实时显示。主要功能代码实现参见粗体字部分：

```
void SampleApp_MessageMSGCB( afIncomingMSGPacket_t *pkt )
{
  uint16 flashTime;
  switch ( pkt->clusterId )
  {
    case SAMPLEAPP_PERIODIC_CLUSTERID:
    HalUARTWrite(0,&pkt->cmd.Data[0],4);  //串口打印收到温度数据
    HalUARTWrite(0,"\n",1);   //回车换行
    break;
    …
  }
}
```

3. 下载程序至网关模块和终端节点模块

（1）这里用到两个模块，继电器模块作为协调器，直流电动机模块作为终端，将模块通过仿真器连接到计算机上，按下仿真器上的按钮，仿真器变成绿灯，参见图 2-8。

（2）下载协调器模块程序：选择 CoordinatorEB 选项卡，单击"编译"按钮编译工程，然后单击绿色三角按钮下载程序到模块，如图 6-3 所示。

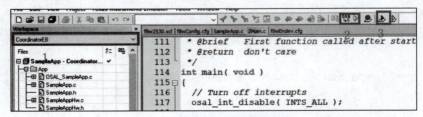

图 6-3　下载协调器模块程序

项目 六　无线传感网燃气浓度采集应用

（3）下载终端模块程序：选择 EndDeviceEB 选项卡，单击"编译"按钮编译工程，然后单击绿色三角按钮下载程序到模块，如图 6-4 所示。

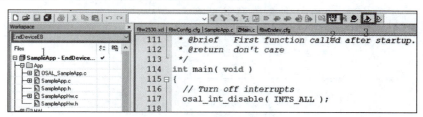

图 6-4　下载终端模块程序

任务思考

（1）为什么要关闭串口流控（OverFlow）？
（2）协调器通过什么函数来接收来自终端的燃气浓度信息？

任务二　燃气浓度采集步进电动机控制应用

任务描述

在任务一中通过协调器组建网络成功之后，将终端设备模块加入无线传感网络，一旦成功加入网络之后，终端节点模块开始周期性地采集燃气浓度传感器数据，然后以单播方式无线发送至协调器模块，最后协调器通过串口通信显示在 PC 端。本任务是当协调器组建网络成功之后，将终端设备模块加入无线传感网络，一旦成功加入网络之后，一方面终端节点模块中燃气浓度传感器周期性地采集燃气浓度数据无线发送至协调器模块，另一方面协调器收到无线发送过来的燃气浓度数据之后，如果检测当前有燃气浓度信息，无线发送命令给终端节点模块控制步进电动机正转，否则控制步进电动机反转。

任务分析

物联网设备的网关模块主要包括基于 CC2530 的无线通信模块、按键和 LED 指示灯，同时终端设备模块包括相关传感器及控制机构。一方面，当网关模块加电启动运行时，CC2530 的无线通信模块开始组建无线传感网络，当网络运行状态为协调器网络状态时，触发系统事件，点亮两盏 LED 灯，表示网关模块已成为协调器。另一方面，将终端设备模块加电运行加入无线传感网络，当网络状态变成终端节点角色之后，终端节点模块将燃气浓度数据信息通过单播方式周期性地无线发送，最后到达协调器模块后调用 SampleApp_MessageMSGCB() 函数收到燃气浓度信息，并通过串口通信显示在 PC 端。如果采集到当前有燃气浓度，无线发送两个字节命令信息给终端节点模块控制步进电动机正转，否则控制步进电动机反转，如图 6-5 所示。

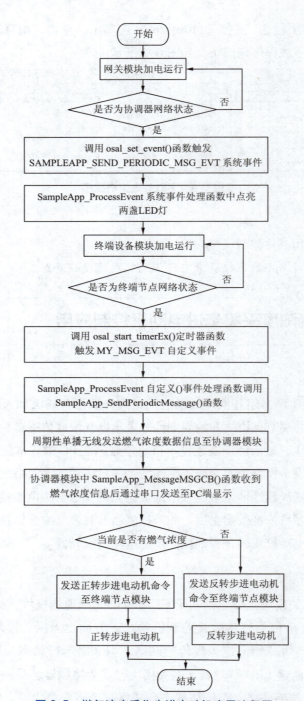

图 6-5 燃气浓度采集步进电动机应用流程图

任务实施

1. 运行 Z-Stack 协议栈工程项目

任务实施请参照项目二任务一的步骤

2. 编写项目功能代码

(1) 在 SampleApp_Init() 函数中初始化串口通信。主要功能代码实现参见粗体字部分：

```
void SampleApp_Init( uint8 task_id )

{
  SampleApp_TaskID=task_id;
  SampleApp_NwkState=DEV_INIT;
  SampleApp_TransID=0;
  MT_UartInit();          //MT层串口初始化函数
  MT_UartRegisterTaskID(task_id);    //向应用任务ID登记串口事件
   ...
}
```
（这里是需要添加的）

(2) 打开 MT_UART.h 头文件，将串口波特率修改为 115200，主要功能代码实现参见粗体字部分：

```
#if !defined MT_UART_DEFAULT_BAUDRATE
#define MT_UART_DEFAULT_BAUDRATE         HAL_UART_BR_115200
#endif
```
（这里是需要修改的）

(3) 打开 MT_UART.h 头文件，将串口流控关闭。主要功能代码实现参见粗体字部分：

```
#if !defined( MT_UART_DEFAULT_OVERFLOW )
 #define MT_UART_DEFAULT_OVERFLOW         FALSE
#endif
```
（这里是需要修改的）

(4) 在 SampleApp_Init() 函数中初始化 P1.0 和 P1.1 两盏 LED 灯，使之熄灭。主要功能代码实现参见粗体字部分：

```
void SampleApp_Init( uint8 task_id )
{
  SampleApp_TaskID = task_id;
  SampleApp_NwkState = DEV_INIT;
  SampleApp_TransID = 0;
  P1SEL &=~0x03;
  P1DIR |=0x03;
  P1_0=1;      // 初始化熄灭 P1.0 灯
  P1_1=1;      // 初始化熄灭 P1.1 灯
  ...
}
```
（这里是需要添加的）

(5) 打开 SampleApp.h 头文件，添加自定义事件 MY_MSG_EVT。主要功能代码实现参见粗体字部分：

```
#define SAMPLEAPP_ENDPOINT                 20
#define SAMPLEAPP_PROFID                   0x0F08
#define SAMPLEAPP_DEVICEID                 0x0001
#define SAMPLEAPP_DEVICE_VERSION           0
#define SAMPLEAPP_FLAGS                    0
#define SAMPLEAPP_MAX_CLUSTERS             2
#define SAMPLEAPP_PERIODIC_CLUSTERID       1
#define SAMPLEAPP_FLASH_CLUSTERID          2
// 发送消息超时

#define SAMPLEAPP_SEND_PERIODIC_MSG_TIMEOUT    5000      // 每5秒
// 应用程序事件（OSAL）- 这些是位加权定义
#define SAMPLEAPP_SEND_PERIODIC_MSG_EVT        0x0001

#define MY_MSG_EVT                             0x0002     ← 这里是需要添加的

// Flash 命令的组
#define SAMPLEAPP_FLASH_GROUP                  0x0001
// 闪存命令持续时间 - 以毫秒为单位
#define SAMPLEAPP_FLASH_DURATION               1000
```

打开 SampleApp.h 头文件，添加自定义事件 MY_MSG_EVT 和 MY_NewMSG_EVT。主要功能代码实现参见粗体字部分：

```
#define SAMPLEAPP_ENDPOINT                 20
#define SAMPLEAPP_PROFID                   0x0F08
#define SAMPLEAPP_DEVICEID                 0x0001
#define SAMPLEAPP_DEVICE_VERSION           0
#define SAMPLEAPP_FLAGS                    0

#define SAMPLEAPP_MAX_CLUSTERS             3
#define SAMPLEAPP_PERIODIC_CLUSTERID       1         ← 这里是需要修改的
#define SAMPLEAPP_FLASH_CLUSTERID          2
#define SAMPLEAPP_COM_CLUSTERID            3
```

打开 SampleApp.c 文件，添加下方粗体字代码：

```
const cId_t SampleApp_ClusterList[SAMPLEAPP_MAX_CLUSTERS]=
{
  SAMPLEAPP_PERIODIC_CLUSTERID,
  SAMPLEAPP_FLASH_CLUSTERID,
  SAMPLEAPP_COM_CLUSTERID
};
```

(6) 在 ZDO_STATE_CHANGE 网络状态改变消息处理中调用 osal_set_event() 函数触发协调器的 SAMPLEAPP_SEND_PERIODIC_MSG_EVT 系统事件和调用 osal_start_timerEx() 定时器函数触发终端节点 MY_MSG_EVT 自定义事件。主要功能代码实现参见粗体字部分：

```
uint16 SampleApp_ProcessEvent( uint8 task_id, uint16 events )
{
  afIncomingMSGPacket_t *MSGpkt;
  (void)task_id;    // 有意未引用的参数
  if( events & SYS_EVENT_MSG )
  {
    MSGpkt=(afIncomingMSGPacket_t *)osal_msg_receive( SampleApp_TaskID );
    while( MSGpkt )
    {
      switch( MSGpkt->hdr.event )
      {
      ...
      case ZDO_STATE_CHANGE:
        SampleApp_NwkState=(devStates_t)(MSGpkt->hdr.status);
        if (SampleApp_NwkState==DEV_ZB_COORD)
        {
          osal_set_event( SampleApp_TaskID,SAMPLEAPP_SEND_PERIODIC_MSG_EVT);
        }
        if (SampleApp_NwkState==DEV_END_DEVICE)
        {
          osal_start_timerEx( SampleApp_TaskID,
            MY_MSG_EVT,
            SAMPLEAPP_SEND_PERIODIC_MSG_TIMEOUT );
        }
        break;
      default:
        break;
      }
      osal_msg_deallocate( (uint8 *)MSGpkt );
      MSGpkt=(afIncomingMSGPacket_t *)osal_msg_receive( SampleApp_TaskID );
    }
    return (events ^ SYS_EVENT_MSG);
  }
  return 0;
}
```

这里是需要添加的

(7) 在 SampleApp_ProcessEvent () 系统事件处理函数中，一旦协调器组建网络成功之后，将协调器上的 P1.0 和 P1.1 引脚所对应的 LED 灯点亮。主要功能代码实现参见粗体字部分：

```
uint16 SampleApp_ProcessEvent( uint8 task_id, uint16 events )
{
  afIncomingMSGPacket_t *MSGpkt;
  (void)task_id;   // 有意未引用的参数
  ...
  if ( events & SAMPLEAPP_SEND_PERIODIC_MSG_EVT)
  {
    P1SEL &= ~0x03;
    P1DIR |=0x03;
    P1_0=0;       //低电平点亮协调器 P1.0 灯
    P1_1=0;       //低电平点亮协调器 P1.1 灯
    return (events ^ SAMPLEAPP_SEND_PERIODIC_MSG_EVT);
  }
}
```

> 这里是需要添加的

（8）在 SampleApp_ProcessEvent() 自定义 MY_MSG_EVT 事件处理函数中，先调用 SampleApp_SendPeriodicMessage() 函数，在 osal_start_timerEx() 定时器函数触发 MY_MSG_EVT 自定义事件，表示周期性地调用 SampleApp_SendPeriodicMessage() 函数。主要功能代码实现参见粗体字部分：

```
uint16 SampleApp_ProcessEvent( uint8 task_id, uint16 events )
{
  afIncomingMSGPacket_t *MSGpkt;
  (void)task_id;   //  有意未引用的参数
  ...
  if ( events & MY_MSG_EVT )
  {
    SampleApp_SendPeriodicMessage();
      osal_start_timerEx( SampleApp_TaskID,
        MY_MSG_EVT,SAMPLEAPP_SEND_PERIODIC_MSG_TIMEOUT );
    return (events ^ MY_MSG_EVT);
  }
  // 放弃未知事件
  return 0;
}
```

> 这里是需要添加的

（9）在 SampleApp_SendPeriodicMessage() 函数中，采集燃气浓度，然后调用无线发送函数单播方式发送燃气浓度信息至协调器模块。主要功能代码实现参见粗体字部分：

```
void SampleApp_SendPeriodicMessage( void )
{
  uint8 T_H[4];          //可燃气体浓度
  uint16 AvgTemp;
  AvgTemp=adcSampleSingle();
```

> 这里是需要添加的

项目 无线传感网燃气浓度采集应用

```
/**** 温度转换成 ascii 码发送 ****/
T_H[0]=(AvgTemp/100)/10+48;           // 千位
T_H[1]=(AvgTemp/100)%10+48;           // 百位         这里是需要添加的
T_H[2]=(AvgTemp%100)/10+48;           // 十位
T_H[3]=(AvgTemp%100)%10+48;           // 个位
  SampleApp_Periodic_DstAddr.addrMode=(afAddrMode_t)Addr16Bit;
SampleApp_Periodic_DstAddr.addr.shortAddr=0x0000;// 接收模块协调器的网络地址
SampleApp_Periodic_DstAddr.endPoint =SAMPLEAPP_ENDPOINT;// 接收模块的端点号
AF_DataRequest( &SampleApp_Periodic_DstAddr, &SampleApp_epDesc,
   SAMPLEAPP_PERIODIC_CLUSTERID,
   4,      // 发送的长度
   T_H,    // 数组的首地址
   &SampleApp_TransID,
   AF_DISCV_ROUTE,
   AF_DEFAULT_RADIUS );
}
```

在 void SampleApp_SendPeriodicMessage(void) 函数的上面 添加 可燃气体采集的函数：

```
uint16 adcSampleSingle()
{
  uint16 value,y;
  ADCCFG |= 0x01;
  ADCIF=0;
  ADCCON3=0xb0;
  while(!ADCIF);
  value=(ADCH<<8) & 0xff00;
  value|=ADCL;
  y=value;
  y=y>>4;
  y=y&0x0fff;
  return y;
}
```

（10）协调器模块收到终端节点模块周期性无线发送过来的燃气浓度信息之后，调用 SampleApp_MessageMSGCB() 函数进行接收，并通过串口通信在 PC 端实时显示。主要功能代码实现参见粗体字部分：

```
void SampleApp_MessageMSGCB( afIncomingMSGPacket_t *pkt )
{
  uint16 flashTime;
    switch ( pkt->clusterId )
    {
```

```
            case SAMPLEAPP_PERIODIC_CLUSTERID:
HalUARTWrite(0,&pkt->cmd.Data[0],4);  //串口打印收到温度数据
HalUARTWrite(0,"\n",1);    //回车换行

GenericApp_DstAddr.addrMode=(afAddrMode_t)AddrBroadcast;//设置协调器广播
GenericApp_DstAddr.endPoint=SAMPLEAPP_ENDPOINT;
GenericApp_DstAddr.addr.shortAddr=0xFFFF;     //向所有节点广播
if (pkt->cmd.Data[0]>'0')   //代表当前燃气超标（超1000）
{
  AF_DataRequest( &GenericApp_DstAddr, &SampleApp_epDesc,
     SAMPLEAPP_COM_CLUSTERID,
     2,    //发送2个字节
     "21",
     &SampleApp_TransID,
     AF_DISCV_ROUTE, AF_DEFAULT_RADIUS );
}
else
{
AF_DataRequest( &GenericApp_DstAddr, &SampleApp_epDesc,
    SAMPLEAPP_COM_CLUSTERID,
    2,  //发送2个字节
    "20",
    &SampleApp_TransID,
    AF_DISCV_ROUTE, AF_DEFAULT_RADIUS );
}

break;
...
  }
}
```

（11）终端节点模块收到协调器无线发送过来的字符串信息之后，调用 SampleApp_MessageMSGCB() 函数进行接收，通过字符判断以控制步进电动机正转还是反转。主要功能代码实现参见粗体字部分：

```
void SampleApp_MessageMSGCB( afIncomingMSGPacket_t *pkt )
{
  uint16 flashTime,len,i,j;
  unsigned char F_Rotation[8]={0xf8,0xf4,0xf2,0xf1,0xf8,0xf4,0xf2,0xf1};
  //1相励磁正转表
  unsigned char B_Rotation[8]={0xf1,0xf2,0xf4,0xf8,0xf1,0xf2,0xf4,0xf8};
  //1相励磁反转表   switch ( pkt->clusterId )
  {
```

```
    ...
    case SAMPLEAPP_COM_CLUSTERID:
    if(pkt->cmd.Data[0]=='2'&pkt->cmd.Data[1]=='1')
    {
      P1_1=0;
      P0_7=1;
      motor_r(360);
    }
    if(pkt->cmd.Data[0]=='2'&pkt->cmd.Data[1]=='0')
    {
      P1_1=1;
      P0_7=0;
      motor_l(360);
    }
    break;
    ...
}
```

这里是需要添加的

3. 下载程序至网关模块和终端节点模块

（1）这里用到两个模块，继电器模块作为协调器，直流电动机模块作为终端，将模块通过仿真器连接到计算机上，按下仿真器上的按钮，仿真器变成绿灯，如图 2-8 所示。

（2）下载协调器模块程序：选择 CoordinatorEB 选项卡，单击"编译"按钮编译工程，然后单击绿色三角按钮下载程序到模块，如图 6-6 所示。

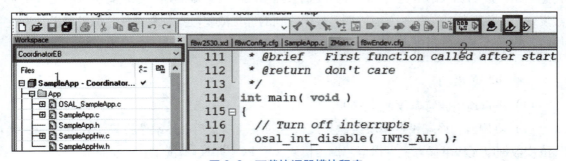

图 6-6　下载协调器模块程序

（3）下载终端模块程序：选择 EndDeviceEB 选项卡，单击"编译"按钮编译工程，然后单击绿色三角按钮下载程序到模块，如图 6-7 所示。

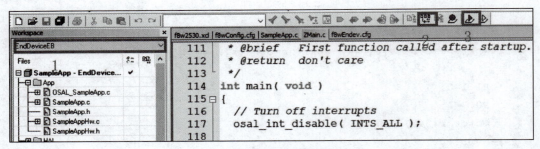

图 6-7 下载终端模块程序

任务思考

（1）通过什么函数方法判断有无燃气浓度信息？

（2）通过什么函数方法来判断当前电动机的状态呢？

拓展训练

训练描述

在本项目 2 个任务的燃气浓度采集控制操作训练中，协调器和终端节点组网成功之后，终端节点模块开始周期性地采集光敏传感器数据，然后以单播方式无线发送至协调器模块，最后协调器通过串口通信显示在 PC 端，并根据燃气超标和燃气没超标情况自动实现步进电动机的正转或者反转控制操作。这里当协调器组建网络成功之后，将终端设备模块加入无线传感网络。成功加入网络之后，一方面终端节点模块的传感器周期性地采集燃气浓度数据无线发送至协调器模块；另一方面协调器根据收到的燃气浓度数据判断燃气超标或者燃气没超标时，自动实现控制步进电动机和照明灯控制，以便能够实现多级联动控制。

训练要求

（1）串口通信波特率设置为 9600。

（2）协调器和终端设备模块组建无线传感网络成功之后，终端节点模块周期性地将燃气浓度数据以无线单播方式发送至协调器模块，在 PC 端串口调试工具中实时显示。

（3）协调器根据收到的无线传感网络发送过来的燃气浓度信息，判断燃气超标或者燃气没超标时，自动无线发送命令给终端节点模块控制步进电动机转动和照明灯开启或者关闭，以实现多级联动控制。

项目报告

课程名称	无线传感网技术与应用		项目名称	无线传感网燃气浓度采集应用		班级	
姓名		小组成员	组长：		组员：		组员：
学号			组员：		组员：		组员：
项目报告	（报告必须包含以下几点：一、项目目的；二、项目计划；三、项目实施过程；四、项目总结；五、体会。可附页）							

续表

项目报告	

日期：		年 月 日
项目成员签名：		

项目评价表

评价要素		分值	学生自评 30%	项目组互评 20%	教师评分 50%	各项总分	合计总分
终端节点燃气浓度采集协调器串口通信显示	完成代码	10					
	完成终端节点燃气浓度采集协调器串口通信显示	15					
燃气浓度采集步进电动机控制应用	完成代码	10					
	完成燃气浓度采集步进电动机控制应用	15					
拓展训练	完成拓展训练	20					
项目总结报告		10	教师评价				
素质考核	工作操守	5					
	学习态度	5					
	合作与交流	5					
	出勤	5					

学生自评签名:	项目组互评签名:	教师签名:
日期:	日期:	日期:

补充说明:

项目七
无线传感网络人体红外采集应用

项目背景

水龙头是每个家庭都会用到的东西,不管是洗手还是做菜,都会用到。而如今不少人家里逐步更换掉了传统的水龙头,装上了新式的红外感应水龙头(见图7-1),这样不用动手,水龙头也能自己出水,达到智能节水的目的。主要工作原理就是当有人进入感应范围时,红外传感器检测到人体红外光谱的变化,自动接通水龙头负载实现出水,只要人不离开感应范围,将持续接通;一旦人离开后,延时自动关闭负载实现关水。

图 7-1 智能感应水龙头

学习目标

- 能正确使用设备通过无线传感网络采集人体红外信息;
- 了解人体红外信息采集和控制的应用场景;
- 掌握终端节点红外采集设备与协调器组网流程;
- 掌握人体红外检测和继电器联动控制原理;
- 掌握人体红外检测和继电器联动控制程序的功能实现。

项目 七 无线传感网络人体红外采集应用

任务一　终端节点人体红外采集协调器串口通信显示

任务描述

在项目六中通过协调器组建网络成功之后，将终端设备模块加入无线传感网络。成功加入网络之后，终端节点模块开始周期性地采集燃气浓度传感器数据，然后以单播方式无线发送至协调器模块，最后协调器通过串口通信显示在 PC 端。本任务协调器组建网络成功之后，将终端设备模块加入无线传感网络。成功加入网络之后，终端节点模块开始周期性地采集人体红外传感器数据，然后以单播方式无线发送至协调器模块，最后通过串口通信显示在 PC 端。

任务分析

物联网设备的网关模块主要包括基于 CC2530 的无线通信模块、按键和 LED 指示灯，同时终端设备模块包括相关传感器及控制机构。一方面，当网关模块加电启动运行时，CC2530 的无线通信模块开始组建无线传感网络，当网络运行状态为协调器网络状态时，触发系统事件，点亮两盏 LED 灯，表示网关模块已成为协调器。另一方面，将终端设备模块加电运行加入无线传感网络，当网络状态变成终端节点角色之后，终端节点模块开始周期性地通过单播方式无线发送人体红外数据信息，最后到达协调器模块后调用 SampleApp_MessageMSGCB() 函数收到人体红外信息，通过串口通信在 PC 端实时显示，如图 7-2 所示。

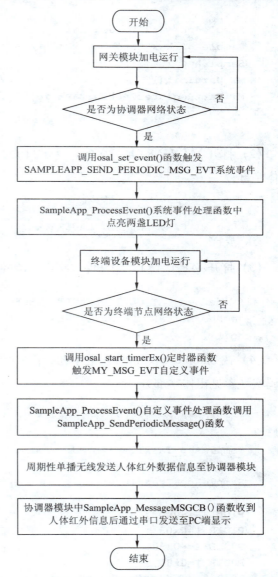

图 7-2　终端节点模块加入网络发送人体红外信息流程图

155

任务实施

1. 运行 Z-Stack 协议栈工程项目

任务实施请参照项目二任务一的步骤。

2. 编写项目功能代码

(1) 在 SampleApp_Init() 函数中初始化串口通信。主要功能代码实现参见粗体字部分：

```
#include "MT_UART.h"
void SampleApp_Init( uint8 task_id )
{
  SampleApp_TaskID=task_id;
  SampleApp_NwkState=DEV_INIT;
  SampleApp_TransID=0;
  MT_UartInit();                          //MT层串口初始化函数
  MT_UartRegisterTaskID(task_id);         //向应用任务ID登记串口事件
  ...
}
```

这里是需要添加的

(2) 打开 MT_UART.h 头文件，将串口波特率修改为 115200。主要功能代码实现参见粗体字部分：

```
#if !defined MT_UART_DEFAULT_BAUDRATE
#define MT_UART_DEFAULT_BAUDRATE        HAL_UART_BR_115200
#endif
```

这里是需要修改的

(3) 打开 MT_UART.h 头文件，将串口流控关闭。主要功能代码实现参见粗体字部分：

```
#if !defined( MT_UART_DEFAULT_OVERFLOW )
  #define MT_UART_DEFAULT_OVERFLOW      FALSE
#endif
```

这里是需要修改的

(4) 在 SampleApp_Init() 函数中初始化 P1.0 和 P1.1 两盏 LED 灯，使之熄灭。主要功能代码实现参见粗体字部分：

```
void SampleApp_Init( uint8 task_id )
{
  SampleApp_TaskID=task_id;
  SampleApp_NwkState=EV_INIT;
  SampleApp_TransID=0;

  P1SEL &=~0x03;
  P1DIR |=0x03;
  P0SEL &=~0x80;
  P0DIR |=0x80;
  P0_7=1;     // 初始化熄灭 P0.7 灯
  P1_0=1;     // 初始化熄灭 P1.0 灯
  P1_1=1;     // 初始化熄灭 P1.1 灯
```

这里是需要添加的

```
        ...
    }
```

（5）打开 SampleApp.h 头文件，添加自定义事件 MY_MSG_EVT。主要功能代码实现参见粗体字部分：

```
#define SAMPLEAPP_ENDPOINT                  20
#define SAMPLEAPP_PROFID                    0x0F08
#define SAMPLEAPP_DEVICEID                  0x0001
#define SAMPLEAPP_DEVICE_VERSION            0
#define SAMPLEAPP_FLAGS                     0

#define SAMPLEAPP_MAX_CLUSTERS              2
#define SAMPLEAPP_PERIODIC_CLUSTERID        1
#define SAMPLEAPP_FLASH_CLUSTERID           2
// 发送消息超时
#define SAMPLEAPP_SEND_PERIODIC_MSG_TIMEOUT   5000      // 每5秒
// 应用程序事件（OSAL）- 这些是位加权定义
#define SAMPLEAPP_SEND_PERIODIC_MSG_EVT     0x0001
#define MY_MSG_EVT                          0x0002          这里是需要添加的

// Flash 命令的组 ID
#define SAMPLEAPP_FLASH_GROUP               0x0001
// 闪存命令持续时间 - 以毫秒为单位
#define SAMPLEAPP_FLASH_DURATION            1000
```

（6）在 ZDO_STATE_CHANGE 网络状态改变消息处理中调用 osal_set_event() 函数触发协调器的 SAMPLEAPP_SEND_PERIODIC_MSG_EVT 系统事件和调用 osal_start_timerEx() 定时器函数触发 MY_MSG_EVT 自定义事件。主要功能代码实现参见粗体字部分：

```
uint16 SampleApp_ProcessEvent( uint8 task_id, uint16 events )
{
    afIncomingMSGPacket_t *MSGpkt;
    (void)task_id;   // 有意未引用的参数
    if ( events & SYS_EVENT_MSG )
    {
        MSGpkt=(afIncomingMSGPacket_t *)osal_msg_receive( SampleApp_TaskID );
        while ( MSGpkt )
        {
            switch ( MSGpkt->hdr.event )
            {
                ...
                case ZDO_STATE_CHANGE:
                SampleApp_NwkState=(devStates_t)(MSGpkt->hdr.status);
```

```
          if(SampleApp_NwkState==DEV_ZB_COORD)
          {
            osal_set_event( SampleApp_TaskID,SAMPLEAPP_SEND_PERIODIC_MSG_EVT);
          }
          if (SampleApp_NwkState==DEV_END_DEVICE)
          {
            P0_7 =0;        //低电平点亮协调器 P1.1 灯
            osal_start_timerEx( SampleApp_TaskID,MY_MSG_EVT,
            SAMPLEAPP_SEND_PERIODIC_MSG_TIMEOUT );
          }
          break;
        default:
          break;
      }
      osal_msg_deallocate( (uint8 *)MSGpkt );
      MSGpkt=(afIncomingMSGPacket_t *)osal_msg_receive( SampleApp_TaskID );
    }
    return (events ^ SYS_EVENT_MSG);
  }
  return 0;
}
```

（虚线框标注：这里是需要添加的）

（7）在 SampleApp_ProcessEvent() 系统事件处理函数中，协调器组建网络成功之后，将协调器上的 P1.0 和 P1.1 引脚所对应的 LED 灯点亮。主要功能代码实现参见粗体字部分：

```
uint16 SampleApp_ProcessEvent( uint8 task_id, uint16 events )
{
    afIncomingMSGPacket_t *MSGpkt;
    (void)task_id;   //有意未引用的参数
    …
    if ( events & SAMPLEAPP_SEND_PERIODIC_MSG_EVT)
    {
      P1SEL &= ~0x03;
      P1DIR |=0x03;
      P1_0 =0;     //低电平点亮协调器 P1.0 灯
      P1_1 =0;     //低电平点亮协调器 P1.1 灯
      return (events ^ SAMPLEAPP_SEND_PERIODIC_MSG_EVT);
    }
  }
}
```

（虚线框标注：这里是需要添加的）

（8）在 SampleApp_ProcessEvent() 自定义 MY_MSG_EVT 事件处理函数中，先调用 SampleApp_SendPeriodicMessage() 函数，在 osal_start_timerEx() 定时器函数触发终端节点 MY_MSG_EVT 自定义事件，表示周期性地调用 SampleApp_SendPeriodicMessage() 函数。

主要功能代码实现参见粗体字部分：

```
uint16 SampleApp_ProcessEvent( uint8 task_id, uint16 events )
{
  afIncomingMSGPacket_t *MSGpkt;
  (void)task_id;    // 有意未引用的参数
  ...
  if( events & MY_MSG_EVT )          ← 这里是需要添加的
  {
    SampleApp_SendPeriodicMessage();
    osal_start_timerEx( SampleApp_TaskID,MY_MSG_EVT,
      SAMPLEAPP_SEND_PERIODIC_MSG_TIMEOUT );
    return (events ^ MY_MSG_EVT);
  }
  // 放弃未知事件
  return 0;
}
```

（9）在 SampleApp_SendPeriodicMessage() 函数中，当终端节点模块燃气浓度传感器检测 P0.4 引脚的为低电平时，表示当前无人，否则检测到当前有人，然后调用无线发送函数单播方式发送人体红外信息至协调器模块。主要功能代码实现参见粗体字部分：

```
void SampleApp_SendPeriodicMessage( void )
{
  byte state;
  P0SEL &=~0x81;
  P0DIR &=0x80;
    if(P0_0==1)
    {
      MicroWait(10);              // 等待 10 ms
      {
        state=0x31;               // 代表有人
      }
    }
    else
    {
      state=0x30;                 // 代表无人
    }
  SampleApp_Periodic_DstAddr.addrMode=(afAddrMode_t)Addr16Bit;
  SampleApp_Periodic_DstAddr.addr.shortAddr=0x0000;// 接收模块协调器的网络地址
  SampleApp_Periodic_DstAddr.endPoint =SAMPLEAPP_ENDPOINT ;// 接收模块的端点号
  AF_DataRequest( &SampleApp_Periodic_DstAddr, &SampleApp_epDesc,
```

```
          SAMPLEAPP_PERIODIC_CLUSTERID,
          1,       //发送的长度
          &state,    //首地址
          &SampleApp_TransID,
          AF_DISCV_ROUTE,
          AF_DEFAULT_RADIUS );
}
```

这里是需要添加的

（10）协调器模块收到终端节点模块周期性无线发送过来的人体红外信息之后，调用 SampleApp_MessageMSGCB() 函数进行接收，并通过串口通信在 PC 端实时显示。主要功能代码实现参见粗体字部分：

```
void SampleApp_MessageMSGCB( afIncomingMSGPacket_t *pkt )
{
  uint16 flashTime;
  switch ( pkt->clusterId )
  {
    case SAMPLEAPP_PERIODIC_CLUSTERID:
    if(pkt->cmd.Data[0]==0x31)
    {
      HalUARTWrite(0,"There is people",15);
      HalUARTWrite(0,"\n",1);   //回车换行
    }
      else
    {
      HalUARTWrite(0,"There is no people",18);
      HalUARTWrite(0,"\n",1);   //回车换行
    }
  }
}
```

这里是需要添加的

（11）打开 hal_board_cfg.h 头文件，将系统所设置的宏定义 LED 参数 HAL_LED 改为 FALSE，表示采用自定义 LED 功能。主要功能代码实现参见粗体字部分：

```
/* 设置为 TRUE 启用密钥用法，设置为 FALSE 禁用它 */
ifndef HAL_LED
#define HAL_LED FALSE
#endif
```

这里是需要修改的

3. 下载程序至网关模块和终端节点模块

（1）这里用到两个模块：继电器模块作为协调器；人体红外模块作为终端。将模块通过仿真器连接到计算机上，按下仿真器上的按钮，仿真器变成绿灯，参见图 2-8。

（2）下载协调器模块程序：选择 CoordinatorEB 选项卡，单击"编译"按钮编译工程，然后单击绿色三角按钮下载程序到模块，如图 7-3 所示。

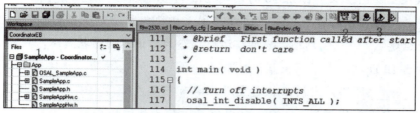

图 7-3 下载协调器模块程序

（3）下载终端模块程序：选择 EndDeviceEB 选项卡，单击"编译"按钮编译工程，然后单击绿色三角按钮下载程序到模块，如图 7-4 所示。

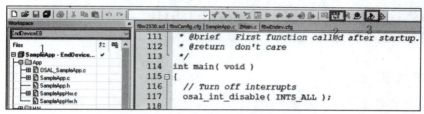

图 7-4 下载终端模块程序

（4）按下协调器模块的按键，观察实验现象，如图 7-5 所示。

图 7-5 观察实验现象

任务思考

网关模块主要包括基于 CC2530 的无线通信模块、按键和 LED 指示灯,同时终端设备模块包括相关传感器及控制机构。一方面当网关模块加电启动运行时,CC2530 的无线通信模块开始组建 _____ 网络,当网络运行状态为协调器网络状态时,触发 _____ 事件,点亮两盏 LED 灯,表示网关模块已成为协调器。另一方面,将终端设备模块加电运行加入 _____ 网络,当网络状态变成终端节点角色之后,终端节点模块开始周期性通过 _____ 方式无线发送 _____ 数据信息,最后到达协调器模块后调用 SampleApp_MessageMSGCB() 函数收到人体红外信息,通过 _____ 通信在 PC 端实时显示。

任务二　人体红外采集继电器控制应用

任务描述

在任务一中通过协调器组建网络成功之后,将终端设备模块加入无线传感网络。成功加入网络之后,终端节点模块开始周期性地采集人体红外传感器数据,然后以单播方式无线发送至协调器模块,最后协调器通过串口通信显示在 PC 端。本任务是当协调器组建网络成功之后,将终端设备模块加入无线传感网络。成功加入网络之后,一方面终端节点模块中热释电传感器周期性地采集人体红外数据无线发送至协调器模块;另一方面协调器收到无线发送过来的人体红外数据之后,如果检测当前有人信息,无线发送命令给终端节点模块控制继电器闭合,否则控制继电器断开。

任务分析

物联网设备的网关模块主要包括基于 CC2530 的无线通信模块、按键和 LED 指示灯,同时终端设备模块包括相关传感器及控制机构。一方面,当网关模块加电启动运行时,CC2530 的无线通信模块开始组建无线传感网络,当网络运行状态为协调器网络状态时,触发系统事件,点亮两盏 LED 灯,表示网关模块已成为协调器。另一方面,将终端设备模块加电运行加入无线传感网络,当网络状态变成终端节点角色之后,终端节点模块将人体红外数据信息通过单播方式周期性地无线发送,最后到达协调器模块后调用 SampleApp_MessageMSGCB 函数收到人体红外信息,并通过串口通信显示在 PC 端。如果采集到当前有人,无线发送两个字节命令信息给终端节点模块控制继电器闭合,否则控制继电器断开,如图 7-6 所示。

项目 七　无线传感网络人体红外采集应用

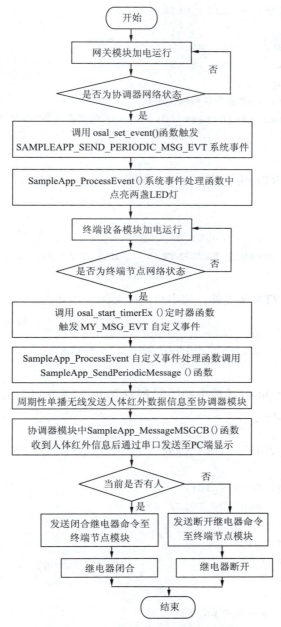

图 7-6　人体红外采集继电器应用流程图

任务实施

1. 运行 Z-Stack 协议栈工程项目

任务实施请参照项目二任务一的步骤。

2. 编写项目功能代码

（1）在 SampleApp_Init() 函数中初始化串口通信。主要功能代码实现参见粗体字部分：

```
void SampleApp_Init( uint8 task_id )
{
  SampleApp_TaskID=task_id;
  SampleApp_NwkState=DEV_INIT;
  SampleApp_TransID=0;
  MT_UartInit();//MT 层串口初始化函数
  MT_UartRegisterTaskID(task_id);     //向应用任务 ID 登记串口事件
  ...
}
```

（这里是需要添加的）

（2）打开 MT_UART.h 头文件，将串口波特率修改为 115200。主要功能代码实现参见粗体字部分：

```
#if !defined MT_UART_DEFAULT_BAUDRATE
#define MT_UART_DEFAULT_BAUDRATE          HAL_UART_BR_115200
#endif
```

（这里是需要修改的）

（3）打开 MT_UART.h 头文件，将串口流控关闭。主要功能代码实现参见粗体字部分：

```
#if !defined( MT_UART_DEFAULT_OVERFLOW )
  #define MT_UART_DEFAULT_OVERFLOW        FALSE
#endif
```

（这里是需要修改的）

（4）在 SampleApp_Init() 函数中初始化 P1.0 和 P1.1 两盏 LED 灯，使之熄灭。主要功能代码实现参见粗体字部分：

```
void SampleApp_Init( uint8 task_id )
{
  SampleApp_TaskID=task_id;
  SampleApp_NwkState=DEV_INIT;
  SampleApp_TransID=0;
  P1SEL &=~0x03;
  P1DIR |=0x03;
  P0SEL &=~0x80;
  P0DIR |=0x80;
  P0_7=1;      // 初始化熄灭 P0.7 灯
  P1_0=1;      // 初始化熄灭 P1.0 灯
  P1_1=1;      // 初始化熄灭 P1.1 灯
  ...
}
```

（这里是需要添加的）

（5）打开 SampleApp.h 头文件，添加自定义事件 MY_MSG_EVT。主要功能代码实现参见粗体字部分：

```
#define SAMPLEAPP_ENDPOINT              20
```

```
#define SAMPLEAPP_PROFID                 0x0F08
#define SAMPLEAPP_DEVICEID               0x0001
#define SAMPLEAPP_DEVICE_VERSION         0
#define SAMPLEAPP_FLAGS                  0
```

这里是需要修改的

```
#define SAMPLEAPP_MAX_CLUSTERS           3
#define SAMPLEAPP_PERIODIC_CLUSTERID     1
#define SAMPLEAPP_FLASH_CLUSTERID        2
#define SAMPLEAPP_COM_CLUSTERID          3
```

```
// 发送消息超时
#define SAMPLEAPP_SEND_PERIODIC_MSG_TIMEOUT 5000    // 每 5 秒
// 应用程序事件（OSAL）- 这些是位加权定义
#define SAMPLEAPP_SEND_PERIODIC_MSG_EVT 0x0001

#define MY_MSG_EVT                                     0x0002
```

这里是需要添加的

```
// Flash 命令的组 ID
#define SAMPLEAPP_FLASH_GROUP            0x0001
// 闪存命令持续时间 - 以毫秒为单位
#define SAMPLEAPP_FLASH_DURATION         1000
```

打开 SampleApp.c 文件，添加粗体字代码：

```
const cId_t SampleApp_ClusterList[SAMPLEAPP_MAX_CLUSTERS]=
{
  SAMPLEAPP_PERIODIC_CLUSTERID,
  SAMPLEAPP_FLASH_CLUSTERID,
  SAMPLEAPP_COM_CLUSTERID
};
```

(6) 在 ZDO_STATE_CHANGE 网络状态改变消息处理中调用 osal_set_event() 函数触发协调器的 SAMPLEAPP_SEND_PERIODIC_MSG_EVT 系统事件和调用 osal_start_timerEx() 定时器函数触发终端节点 MY_MSG_EVT 自定义事件。主要功能代码实现参见粗体字部分：

```
uint16 SampleApp_ProcessEvent( uint8 task_id, uint16 events )
{
  afIncomingMSGPacket_t *MSGpkt;
  (void)task_id;   // 有意未引用的参数
  if ( events & SYS_EVENT_MSG )
  {
    MSGpkt=(afIncomingMSGPacket_t *)osal_msg_receive( SampleApp_TaskID );
    while( MSGpkt )
```

```
        {
            switch ( MSGpkt->hdr.event )
            {
              …
              case ZDO_STATE_CHANGE:
                SampleApp_NwkState=(devStates_t)(MSGpkt->hdr.status);
                if(SampleApp_NwkState==DEV_ZB_COORD)
                {
                    osal_set_event( SampleApp_TaskID,SAMPLEAPP_SEND_PERIODIC_MSG_EVT);
                }
                if(SampleApp_NwkState==DEV_END_DEVICE)
                {
                    P0_7 =0;//低电平点亮协调器P1.1灯
                    osal_start_timerEx( SampleApp_TaskID,MY_MSG_EVT,
                       SAMPLEAPP_SEND_PERIODIC_MSG_TIMEOUT );
                }
                break;
              default:
                break;
            }
            osal_msg_deallocate( (uint8 *)MSGpkt );
            MSGpkt=(afIncomingMSGPacket_t *)osal_msg_receive( SampleApp_TaskID );
        }
        return (events ^ SYS_EVENT_MSG);
    }
    return 0;
}
```

（这里是需要添加的）

（7）在 SampleApp_ProcessEvent() 系统事件处理函数中，协调器组建网络成功之后，将协调器上的 P1.0 和 P1.1 引脚所对应的 LED 灯点亮。主要功能代码实现参见粗体字部分：

```
uint16 SampleApp_ProcessEvent( uint8 task_id, uint16 events )
{
    afIncomingMSGPacket_t *MSGpkt;
    (void)task_id;   // 有意未引用的参数
    …
    if( events & SAMPLEAPP_SEND_PERIODIC_MSG_EVT)
    {
        P1_0 =0;     //低电平点亮协调器P1.0灯
        P1_1 =0;     //低电平点亮协调器P1.1灯
        return (events ^ SAMPLEAPP_SEND_PERIODIC_MSG_EVT);
    }
}
```

（这里是需要添加的）

(8) 在 SampleApp_ProcessEvent() 自定义 MY_MSG_EVT 事件处理函数中，先调用 SampleApp_SendPeriodicMessage() 函数，在 osal_start_timerEx() 定时器函数触发 MY_MSG_EVT 自定义事件，表示周期性地调用 SampleApp_SendPeriodicMessage() 函数。主要功能代码实现参见粗体字部分：

```
uint16 SampleApp_ProcessEvent( uint8 task_id, uint16 events )
{
  afIncomingMSGPacket_t *MSGpkt;
  (void)task_id;   // 有意未引用的参数
…
  if( events & MY_MSG_EVT )
  {
    SampleApp_SendPeriodicMessage();

    osal_start_timerEx( SampleApp_TaskID,MY_MSG_EVT,
      SAMPLEAPP_SEND_PERIODIC_MSG_TIMEOUT );
    return (events ^ MY_MSG_EVT);
  }
  // 放弃未知事件
  return 0;
}
```

这里是需要添加的

(9) 在 SampleApp_SendPeriodicMessage() 函数中，当终端节点模块燃气浓度传感器检测 P0.6 引脚的为低电平时，表示当前无人，否则有人，然后调用无线发送函数单播方式发送人体红外信息至协调器模块。主要功能代码实现参见粗体字部分：

```
void SampleApp_SendPeriodicMessage( void )
{
  byte state;
  P0SEL &=~0x81;
  P0DIR &=0x80;
  if(P0_0==1)
  {
    MicroWait(10);    //等待 10 ms
    {
       state=0x31;    //代表有人
    }
  }
  else
  {
    state=0x30;       //代表无人
  }
```

```
SampleApp_Periodic_DstAddr.addrMode=(afAddrMode_t)Addr16Bit;
SampleApp_Periodic_DstAddr.addr.shortAddr=0x0000;//接收模块协调器的网络地址
SampleApp_Periodic_DstAddr.endPoint =SAMPLEAPP_ENDPOINT;//接收模块的端点号
AF_DataRequest( &SampleApp_Periodic_DstAddr, &SampleApp_epDesc,
  SAMPLEAPP_PERIODIC_CLUSTERID,
  1,      //发送的长度
  &state,      //首地址
  &SampleApp_TransID,
  AF_DISCV_ROUTE,
  AF_DEFAULT_RADIUS );
}
```

（10）一旦协调器模块收到终端节点模块周期性无线发送过来的人体红外信息之后，调用 SampleApp_MessageMSGCB() 函数进行接收。一方面通过串口通信在 PC 端实时显示，另一方面当人体红外数据为字符 "1"（十六进制 ASCII 值为 0x31）时，表示当前有人，则发送继电器闭合命令至终端节点，否则发送继电器断开命令至终端节点。主要功能代码实现参见粗体字部分：

```
void SampleApp_MessageMSGCB( afIncomingMSGPacket_t *pkt )
{
  uint16 flashTime;
  switch ( pkt->clusterId )
  {
    case SAMPLEAPP_PERIODIC_CLUSTERID:          //这里是需要添加的
        if(pkt->cmd.Data[0]==0x31)
        {
           HalUARTWrite(0,"There is people",15);
           HalUARTWrite(0,"\n",1);    //回车换行
        }
        if(pkt->cmd.Data[0]==0x30)
        {
           HalUARTWrite(0,"There is no people",18);
           HalUARTWrite(0,"\n",1);    //回车换行
        }

        SampleApp_Periodic_DstAddr.addrMode=(afAddrMode_t)AddrBroadcast;
        //设置协调器广播
        SampleApp_Periodic_DstAddr.endPoint=SAMPLEAPP_ENDPOINT;
        SampleApp_Periodic_DstAddr.addr.shortAddr=0xFFFF;
        //向所有节点广播
```

项目七 无线传感网络人体红外采集应用

```
        if (pkt->cmd.Data[0]==0x31) //高电平代表有人
        {
        AF_DataRequest( &SampleApp_Periodic_DstAddr, &SampleApp_epDesc,
            SAMPLEAPP_COM_CLUSTERID,
            2,          //发送的长度
            "21",       //首地址
            &SampleApp_TransID,
            AF_DISCV_ROUTE,
            AF_DEFAULT_RADIUS );

        }
        if (pkt->cmd.Data[0]==0x30) //低电平代表无人
        {
          AF_DataRequest( &SampleApp_Periodic_DstAddr,
          &SampleApp_epDesc,
          SAMPLEAPP_COM_CLUSTERID,
          2,           //发送的长度
          "20",        //首地址
          &SampleApp_TransID,
          AF_DISCV_ROUTE,
          AF_DEFAULT_RADIUS );
        }
      break;
      case SAMPLEAPP_FLASH_CLUSTERID:
      flashTime=BUILD_UINT16(pkt->cmd.Data[1], pkt->cmd.Data[2] );
      HalLedBlink( HAL_LED_4, 4, 50, (flashTime/4) );
      break;
    }
  }
```

（11）打开 hal_board_cfg.h 头文件，将系统所设置的宏定义 LED 参数 HAL_LED 改为 FALSE，表示采用自定义 LED 功能。主要功能代码实现参见粗体字部分：

```
/* 设置为 TRUE 启用密钥用法，设置为 FLASE 禁用它 */
ifndef HAL_LED
#define HAL_LED    FALSE     这里是需要修改的
#endif
```

（12）复制上面 11 个步骤改好的整个工程，然后做如下修改：
修改处一：

```
if( events & MY_MSG_EVT )
```

169

```
    {
       //SampleApp_SendPeriodicMessage();        ← 这里是需要修改的

       osal_start_timerEx( SampleApp_TaskID,MY_MSG_EVT,
          SAMPLEAPP_SEND_PERIODIC_MSG_TIMEOUT );
       return (events ^ MY_MSG_EVT);
    }
```

修改处二：

```
void SampleApp_MessageMSGCB( afIncomingMSGPacket_t *pkt )
{
   switch ( pkt->clusterId )                                  ← 把函数更改成这样
   {
     case SAMPLEAPP_COM_CLUSTERID:
     P1SEL &= ~0x08;
     P1DIR |=0x08;
     if(pkt->cmd.Data[0]=='2'&pkt->cmd.Data[1]=='1')
     {
        if(P1_3==1)
        {
           P1_3 =0;        //控制继电器闭合
        }
     }
     if(pkt->cmd.Data[0]=='2'&pkt->cmd.Data[1]=='0')
     {
        if(P1_3==0)
        {
           P1_3 =1;//控制继电器断开
        }
     }
     break;
   }
}
```

3. 下载程序至网关模块和终端节点模块

（1）本任务用到 3 个模块：继电器模块作为终端；人体红外模块作为终端；直流电机模块作为协调器。将模块通过仿真器连接到计算机上，按下仿真器上的按钮，仿真器变成绿灯，参见图 2-8。

(2) 下载协调器模块程序：选择 CoordinatorEB 选项卡，单击"编译"按钮编译工程，然后单击绿色三角按钮下载程序到模块，如图 7-7 所示。

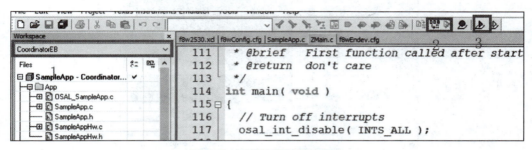

图 7-7 下载协调器模块程序

(3) 下载终端模块程序：选择 EndDeviceEB 选项卡，单击"编译"按钮编译工程，然后单击绿色三角按钮下载程序到模块，如图 7-8 所示。

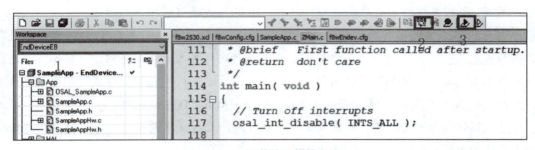

图 7-8 下载终端模块程序

(4) 人体红外继续使用任务一中的终端程序，不用重新烧写。用手放在人体红外附近，串口打印有人提示，继电器闭合，手远离人体红外附近，串口打印无人提示，继电器打开，观察实验现象，如图 7-9 所示。

图 7-9 观察实验现象

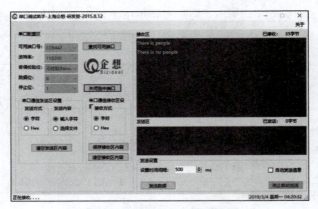

图 7-9 观察实验现象（续）

任务思考

一方面，当网关模块加电启动运行时，CC2530 的无线通信模块开始组建_____网络，当网络运行状态为协调器网络状态时，触发_____事件，点亮两盏 LED 灯，表示网关模块已成为_____。另一方面，将终端设备加电运行起电加入无线传感网络，当网络状态变成终端节点角色之后，终端节点模块将_____数据信息通过_____方式周期性的无线发送，最后到达协调器模块后调用 SampleApp_MessageMSGCB 函数收到_____信息，并通过_____通信显示在 PC 端。如果采集到当前有人，无线发送两个_____命令信息给终端节点模块控制继电器_____，否则控制继电器_____。

拓展训练

训练描述

在本项目的 2 个任务的人体红外采集控制操作训练中，协调器和终端节点组网成功之后，终端节点模块开始周期性地采集热释电人体红外传感器数据，然后以单播方式无线发送至协调器模块，最后协调器通过串口通信显示在 PC 端，并根据有人和无人情况自动实现继电器的闭合或者断开控制操作。这里当协调器组建网络成功之后，将终端设备模块加入无线传感网络，一旦成功加入网络之后，一方面终端节点模块中人体红外传感器周期性地采集人体红外数据无线发送至协调器模块；另一方面协调器根据收到的人体红外数据判断有人或者无人时，自动实现控制继电器和 LED 灯控制，以便能够实现多级联动控制。

训练要求

（1）串口通信波特率设置为 9600。

（2）协调器和终端设备模块组建无线传感网络成功之后，终端节点模块周期性地将人体红外数据以无线单播方式发送至协调器模块，在 PC 端串口调试工具中实时显示。

（3）协调器根据收到的无线传感网络发送过来的人体红外信息，判断有人或者无人情况时,自动无线发送命令给终端节点模块,控制继电器和LED灯开启或者关闭,以实现多级联动控制。

项目报告

课程名称	无线传感网技术与应用		项目名称	无线传感网络从事红外采集应用			班级	
姓名		小组成员	组长:		组员:		组员:	
学号			组员:		组员:		组员:	
项目报告	(报告必须包含以下几点:一、项目目的;二、项目计划;三、项目实施过程;四、项目总结;五、体会。可附页)							

续表

项目报告	
	日期: 　　　　　　　　　　年　月　日
	项目成员签名:

项目七 无线传感网络人体红外采集应用

项目评价表

评价要素		分值	学生自评 30%	项目组互评 20%	教师评分 50%	各项总分	合计总分
终端节点人体红外采集协调器串口通信显示	完成代码	10					
	完成终端节点人体红外采集协调器串口通信显示	15					
人体红外采集继电器控制应用	完成代码	10					
	完成人体红外采集继电器控制应用	15					
拓展训练	完成拓展训练	20					
项目总结报告		10	教师评价				
素质考核	工作操守	5					
	学习态度	5					
	合作与交流	5					
	出勤	5					

学生自评签名：

日期：

项目组互评签名：

日期：

教师签名：

日期：

补充说明：